유비쿼터스 무선통신시스템 기술기준

채 해 수 저

도서출판 상 학 당

머 리 말

행정, 교통, 보건 · 의료 · 복지, 환경, 방범 · 방재, 시설물 관리, 교육, 문화 · 관광 · 스포츠, 물류, 근로 · 고용 분야를 비롯하여 도시의 경쟁력 향상과 국민의 삶의 질 향상을 위하여 정부가 유비쿼터스 도시의 건설에 필요한 유비쿼터스 무선통신시스템 설치를 추진하고 있다.

유비쿼터스(Ubiquitous)는 언제(Anytime), 어디(Anywhere)에서나 존재한다는 라틴어의 어원으로 우리 인간이 어디에서나 무선통신을 하면서 사용하고 있는 무선통신시스템이 유비쿼터스를 구현하고 있다.

RFID(Radio Frequence Identification)와 USN(Ubiquitous Sensor Network) 무전기, 라디오, 텔레비전, 이동통신기기, 위치시스템, 무선인터넷, 무선의료시스템, 이동컴퓨터, 스마트폰을 비롯하여 전파를 이용하는 기기는 무선설비규칙에 규정한 기술기준에 적합한 무선통신기기만 사용할 수 있다.

이 책에서 설명하고 있는 전파방송기술, 이동통신기기, 무선인터넷을 비롯한 무선통신시스템 기술기준이 전자, 방송, 통신공학과를 개설한 대학교에서도 전공과정에 개설되어 학습되기를 희망한다.

여러 종류의 무선통신시스템을 생산, 판매, 설치와 운영을 하고 있는 이 분야의 종사자들에게 기술기준을 제공하고자 이 책을 출판하였다.

끝으로, 그동안 이 책을 출판하기까지 수고하신 상학당 관계자 여러분들에게 감사드린다.

저자 씀

차 례

유비쿼터스 무선통신시스템인 각종 무선설비는 「전파법」 제37조(방송표준방식), 제45조(무선설비는 기술기준에 적합), 제47조(무선설비의 안전시설기준), 제58조(산업·과학·의료용 전파응용설비)에 따른 무선설비 기술기준을 규정하여 고시한 무선설비규칙을 준수하여야 한다.

1 chapter

유비쿼터스 무선통신시스템의 무선설비기술기준 일반적 조건

1.1 전파의 이해

영국의 맥스웰이 전파(전자파)의 존재를 주장한 이후 1888년에 독일의 헤르츠가 실제로 전파를 발생시켜 전파의 존재를 확인시켰다. 맥스웰의 전자방정식과 변위전류 이론이 나오게 되었다.

안테나에서 전파가 방사되는 원리는 다음과 같다.

[그림 1-1]은 도선을 흐르는 전류의 자기작용이며 암페어의 오른쪽나사법칙에 의해, 전류의 둘레에는 둥근 자계가 생긴다.

전선의 둘레에는 오른쪽방향으로 둥근 자계가 발생한다.

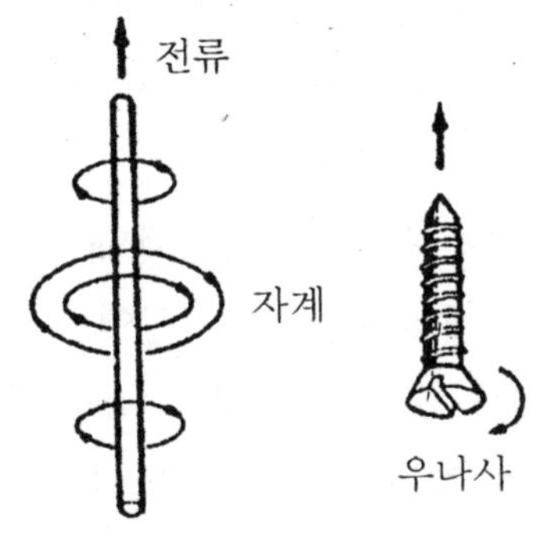

[그림 1-1] 암페어의 오른쪽나사법칙

도선만을 흐르는 전류는 전하의 이동에 의한 것이며(전자의 이동), 또 자계는 도선의 둘레에서 발생한다. 자계의 세기는 도선에서 멀어지는 데 따라 세기는 약하게 되고, 그 약해진 쪽은 도선에서의 거리의 2승에 반비례한다.

맥스웰은 자계를 발생하는 전류는 모두가 도선을 흐르는 전류만이 아니고 [그림 1-2]와 같이, 콘덴서 내부의 절연체(유전체)로 통하는 전류에서도 발생하는 것을 이론적으로 증명하였다.

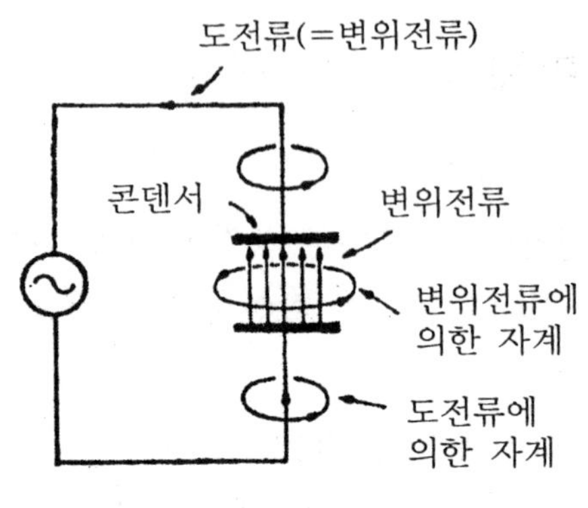

[그림 1-2] 콘덴서 극판방향으로 흐르는 변위전류와 자기작용

이 전류는 전하의 이동에 의한 전류(도전류)는 아니지만 이 전류를 변위전류라고 불렀으며, 이 변위전류가 전파(전자파)를 공간으로 끌어내어 방사시키는 방법의 근거로 되어 있다. 콘덴서 속의 유전체는 마이카나 공기, 또는 진공으로 되어 있는데, 그 내부에서 자계가 발생하기 때문이며 변위전류의 존재는 전계의 시간적인 변화가 발생한다.

[그림 1-2]에서 유전체에 달라붙는 전계는, 콘덴서극판에 가해진 고주파 전압에 의해 수시로 변화하고, 이 전계의 변화는 도선에 흐르는 전류와 마찬가지로 자계를 발생시킨다. 발생한 자계도 수시로 변화해 간다. [그림 1-3]은 자계가 변화하면 그 주위에 기전력이 발생되는 것을 보여주고 있다.

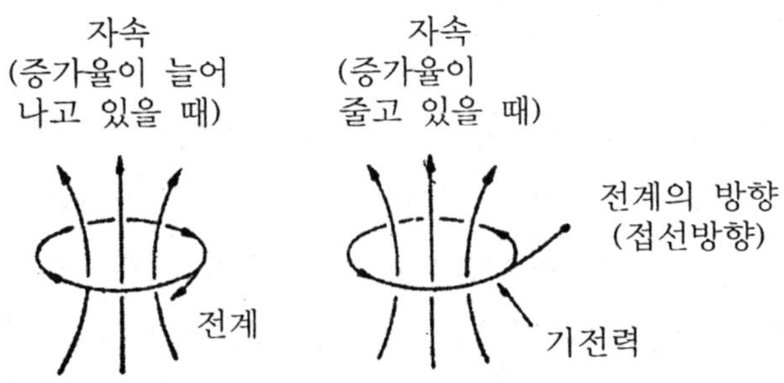

[그림 1-3] 패러데이의 전자유도의 법칙

패러데이의 법칙을 나타낸 것이며, 이것은 공간에서 자계가 변화하면, 그 변화를 방해하는 것같이 전계가 발생한다. 전계의 변화가 자계를 유도하고 또 다시 그 자계의 변화가 또 전계를 유도하여 [그림 1-4]와 같이 전계와 자계가 서로 맞물려서, 안테나에서 공간으로 넓혀져 진행하여 나아가게 된다. 이것이 방사전자계, 즉 전파이다.

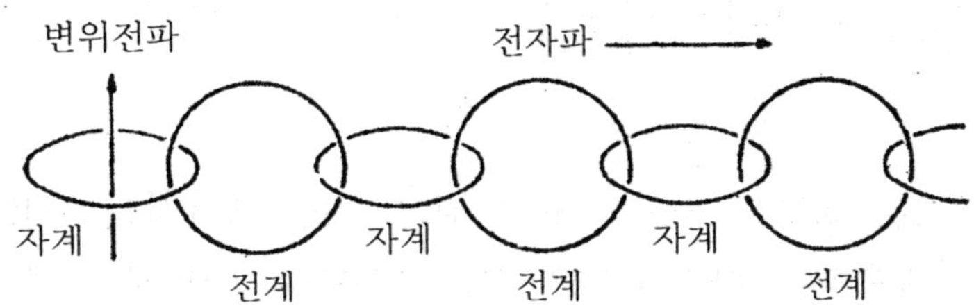

[그림 1-4] 전자파의 공간진행

1.1.1 전파의 파동, 주파수와 파장의 관계

전파는 전계와 자계의 크기, 방향이 시간과 함께 정현적(正弦的)으로 변화하면서 공간을 진행하여 나아가는 파동이다. [그림 1-5]와 같이 시간이나 거리의 어느 것을 정지하고, "어떤 점의 시간적인 변화" 또는 "어떤 시각의 장소적인 변화"의 모습을 비교하면 이해가 쉽다.

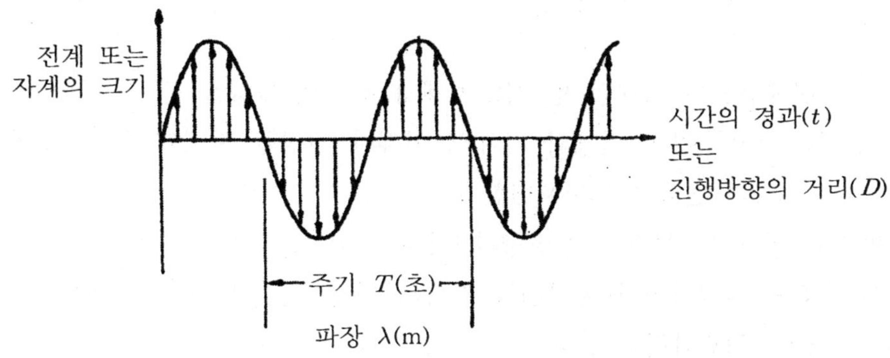

[그림 1-5] 전파의 시간적, 공간적으로 변화하는 파동
(시간적으로 주기 T, 공간적으로 파장 λ로 같은 상태를 되풀이한다)

[그림 1-5]에서 전계나 자계가 같은 상태를 반복하는 시간적인 간격, 주기 T는, 파동의 주파수를 f(헤르츠)라고 할 때 주기 $T=\frac{1}{f}$[sec]가 된다. 파장은 장소적으로 같은 상태를 반복하는 전파의 진행방향에서 측정한 거리로서, 이 길이 λ(람다라 읽음)는 전파가 나아가는 속도를 v[m/sec]로 하면

$$v=\frac{\lambda}{T} \qquad \therefore\ \lambda[\mathrm{m}]=\frac{v[\mathrm{m/sec}]}{f[\mathrm{Hz}]}$$

가 된다.

전파가 나아가는 속도는 빛의 속도와 같고, 진공 중에서는 3×10^8[m]이며 공기 중에서도 같은 속도이다. 따라서 위의 식은 주파수를 [MHz]로 고쳐 전파의 공간에서의 파장은

$$\lambda[\mathrm{m}]=\frac{300}{f[\mathrm{MHz}]}$$

로 계산한다.

1.1.2 전파의 편파면(偏波面)

[그림 1-6]은 전파의 전계와 자계의 진동방향과 진행방향과의 관계를 표시한 것이다. 전계, 자계 어느 쪽도 전파의 진행방향에 대하여 직각인 방향으로 진동하고 있으며 전파는 횡파(橫波)이고, 전계, 자계도 서로 수직의 면 위에서 같이 진동하고 있다.

전파의 진행방향은 전계의 방향을 자계의 쪽으로 돌렸을 때 오른쪽나사의 진행방향이 된다. 이와 같이 전계와 자계란 언제나 일정한 관계에 있고, 전계가 진동하는 면을 전파의 편파면이라 표현한다.

편파면은 안테나도체의 설치방향과 관계가 있고, [그림 1-7](A)와 같이 대지에 대하여 수직인 안테나에서 방사되는 전파의 편파면은, 대지에 대하여 수직이기 때문에 이것을 수직편파라고 한다.

[그림 1-7](B)와 같은 전파는 수평편파라고 한다.

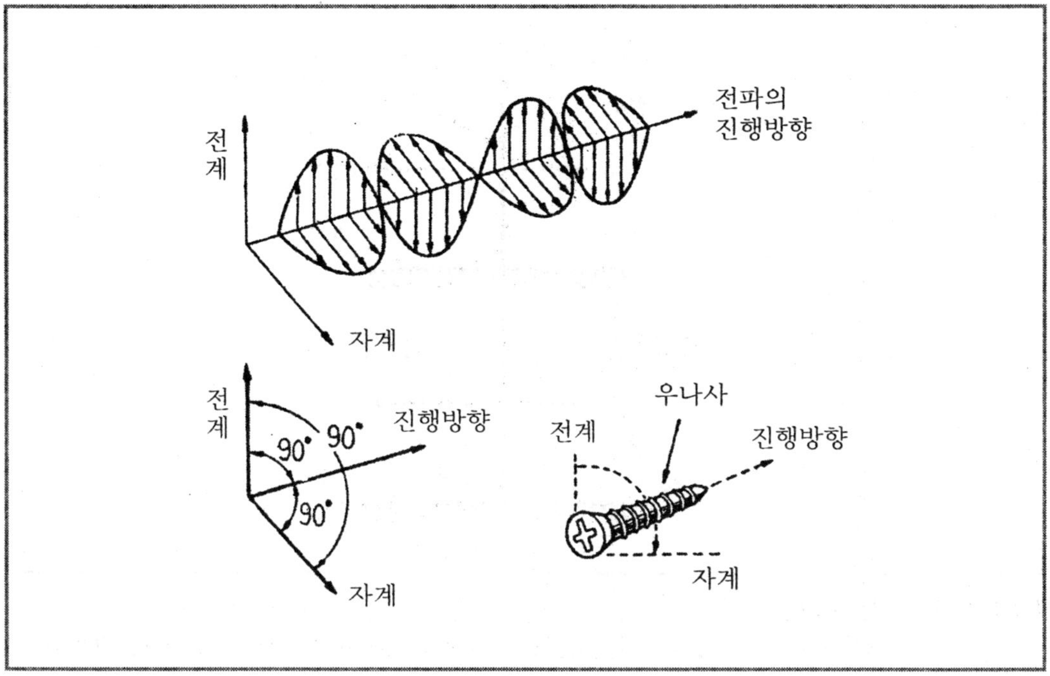

[그림 1-6] 전파의 전계, 자계의 진동방향과의 관계

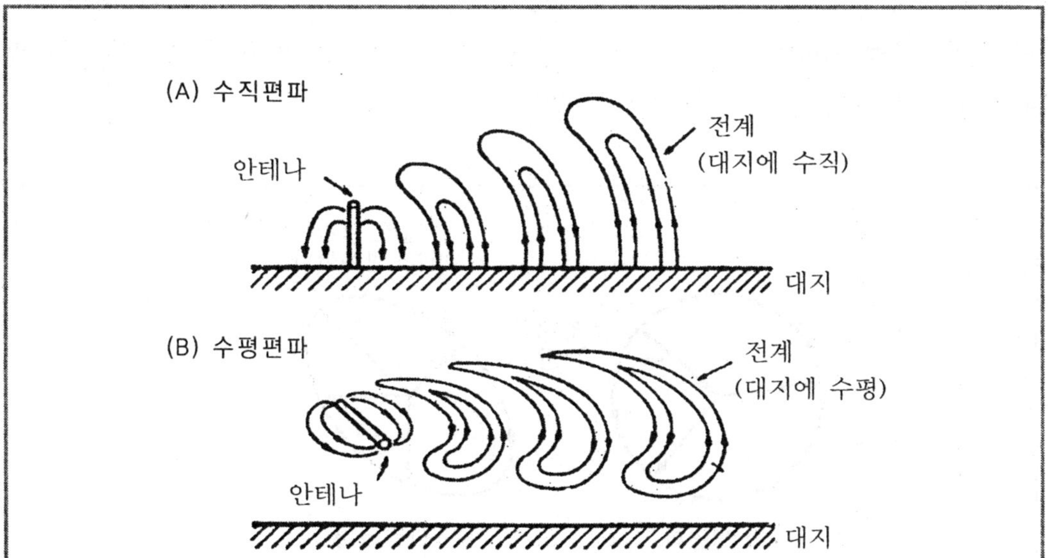

[그림 1-7] 전파의 편파

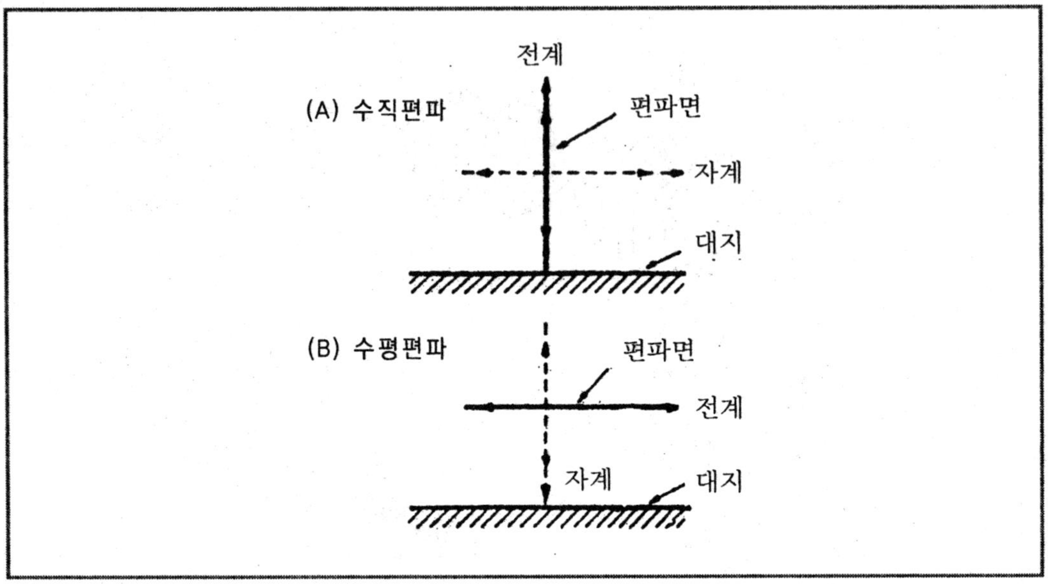

[그림 1-8] 직선 편파
(이 직선 편파는 [그림 1-7]에서 전파의 진행방향을 뒤쪽에서 본 경우의 형태이다.)

[그림 1-8]과 같이 양편파 모두 전파를 진행방향의 뒤쪽에서 본 경우, 편파면은 언제나 대지에 대하여 수직 또는 수평인 한 개의 직선으로서 결정되기 때문이다. 이 직선편파에 대하여 [그림 1-9] (A)와 같이 전파의 진행에 따라 전계의 방향이 변화하여 원을 그리는 것 같은 전파를 원편파라 한다.

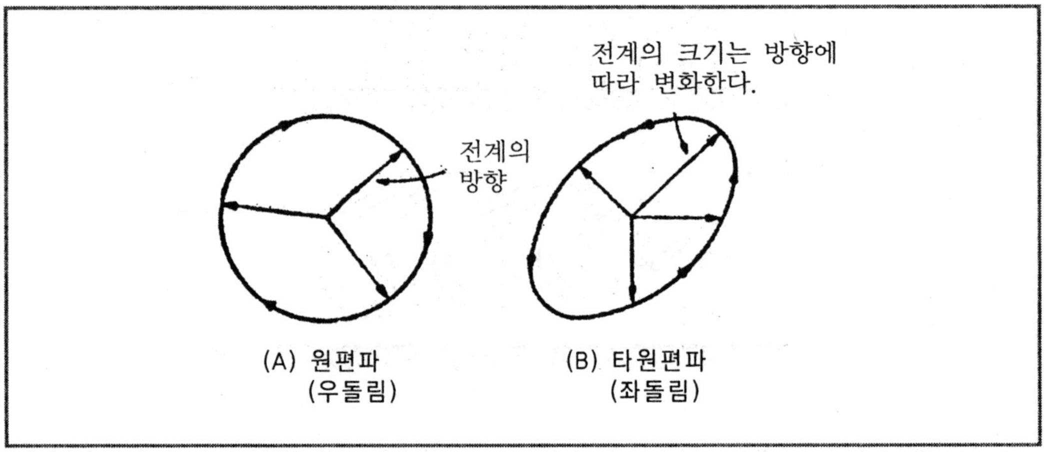

[그림 1-9] 원편파와 타원편파(전파는 지면에 수직방향으로 진행한다)

그리고 [그림 1-9]는 어떤 점에서 진행하는 전파를 뒤쪽에서 전계의 크기와 방향에서 표시한 것이며, 전계의 크기는 변하지 않고, 전계의 방향은 시계방향으로 회전하고 있으므로 이 전파는 오른쪽으로 회전하는 원편파이다. 전계가 반대시계 방향으로 회전(왼쪽으로 회전)하는 타원편파라 한다. 또 원편파의 전파에서 전계의 크기가 그 방향에 따라 변화하면 [그림 1-9] (B)와 같이 타원편파가 된다.

안테나에서 공간으로 방사된 전파는 여러 가지 편파면을 가지고 있고, 특히 초단파 주파수대역 이상에서의 지상파 전파의 경우는 송신안테나와 수신안테나의 편파면을 서로 일치하지 않으면 통신이 잘 되지 않는다. 그러나 단파대역과 같이 전리층 반사파를 사이에 두고 통신을 하는 경우에는 전파가 전리층속을 통하여 반사되어 돌아오는 동안에 지구 자계의 영향을 받아 편파면이 일그러지고, 타원편파가 되어 버리므로, 송신안테나와 수신 안테나의 편파면이 다른 지점에는 통신이 어려워진다.

1.1.3 전계강도

전파의 세기는 전파가 나아가는 공간의 전계의 크기로 표시된다. 이것은 전계의 방향에서 측정한 1[m] 간의 전위차이므로, 그 단위는 [V/m]이며, 전압을 마이크로 볼트로 측정하여, [μV/m]를 사용하고 있다.

전계강도를 데시벨로 표시하고 이 경우에는 1[μV/m]을 기준으로 0[dB]으로 하며, 예를 들면 2[μV/m]는 6[dB], 100[μV/m]는 40[dB]가 된다. 송신안테나는 안테나에 고주파 전류를 공급하여 고주파 전력을 전자에너지로 변환하는 것이다.

[그림 1-10]과 같이 넓은 공간에 구면(球面)을 가정하고 그 중심에 안테나가 설치되어 있는 것으로 한다.

안테나에 전력 Pr[W]가 공급되고, 그 전력이 전부 전파로서 공간에 방사되었다고 할 때, 구면의 내측에서 외측 방향으로, 매 초당 P_r [W]의 전자에너지가 통과해 나아가는 것이 된다. 구면 위의 한 점 Q의 전계강도가 E[V/m]라 하면, 이 한 점 Q지점을 통과하는 1[m^2]당의 전자에너지는

$$P_Q = \frac{E^2}{120\pi} = \frac{E^2}{377}\,[\mathrm{W/m^2}]$$

가 된다.

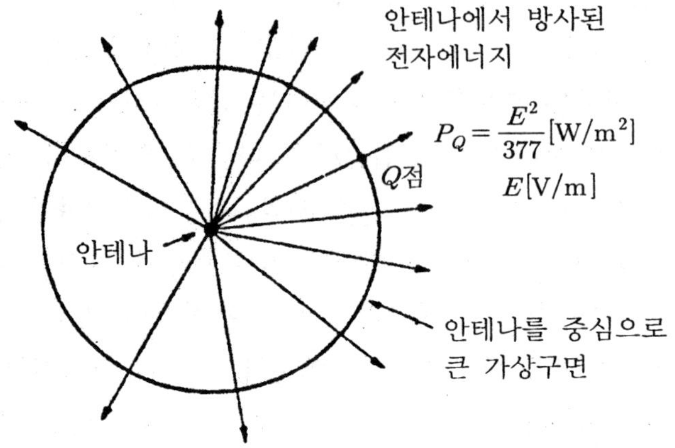

[그림 1-10] 안테나에서 방사되는 전자에너지

위의 식은 $P = E^2/R$과 같으며, 분모의 $120\pi = 377[\Omega]$은 공기의 파동 임피던스이다.

가상구면 위에서의 전계강도는 안테나의 위치에 따라 다르게 된다. 이것을 중심에 설치한 안테나의 지향성이라 한다. 중심에 설치한 안테나는 동서남북 방향으로 같은 세기의 전파를 방사하는 것으로 구의 반지름을 R[m], 구의 면적 S[m^2]로 하고 구면을 통과하는 전자에너지의 합계는 안테나에 공급되는 전력 Pr과 같다.

$$Pr = P_Q \times S = \frac{E^2}{120\pi} \times 4\pi R^2 = \frac{E^2 R^2}{30} \text{[W]}$$

$$E = \sqrt{\frac{30Pr}{R}} \text{ [V/m]}$$

위와 같이 어느 방향에 대해서도 균일하게 전파를 방사하는 안테나는 등방성안테나(아이소트로빅 안테나)라고 부른다. 이 안테나는 다른 안테나의 지향성이나 이득의 기준으로서 많이 사용하고 있다. 실제로 이와 같은 성능의 안테나 특성이 나타나지 않는다.

위의 식은 등방성 안테나에서 거리 R[m]점의 전계강도를 구하는 것이며, Pr은 안테나의 방사전력이라 부른다. 전계강도는 방사전력의 평방근에 비례하고 안테나와의 거리에 반비례한다.

1.1.4 안테나의 이해

안테나(Antenna)란 라틴어로 '곤충의 촉각'의 뜻을 지닌 말에서 유래되었다. 안테나는 송신안테나와 수신안테나로 구분한다.

송신안테나는 전파를 내어 보내기 위하여 송신기 출력단에서 공간으로 전송하기 위한 전력증폭단에서 변조된 고주파의 에너지(변조파)를 전파의 에너지로 바꾸어 공간에 방사한다.

그와 반대로, 수신안테나는 공간에서 전하여오는 전파의 에너지를 붙잡아 흡수하여 전기적인 에너지로 바꾸어서 그것을 수신기에 공급하는 전류변환기 역할을 한다.

안테나는 전기에너지 변환장치이다.

소리의 전달원리는 음향시스템에 비교를 한다면 스피커(송신), 마이크로폰(수신) 기능으로 스피커로부터 송출한 음파는 공기를 사이에 두고 소리에너지를 전달한다.

전파의 전달원리는 진공 중에서도 전파에너지가 진행하여 나아가며, 도달범위와 속도는 음파에 비해 매우 넓고 빠르다.

수신이 잘 되지 않는다는 것은 방사된 전파의 에너지가 주위의 건물이나 대지에 흡수되거나 송신안테나와 거리가 너무 멀어서 수신이 어렵거나 송신안테나 방향의 공간에서 전파에너지가 반사, 흡수, 회절현상 등 송신전파 에너지가 소비되는 현상이 발생한 것이다.

안테나는 사용주파수대역에 따라 길이와 모양이 다르고 용도에 따라 여러 가지 종류의 것이 사용되고 있다.

1.2 주파수허용편차

① 송신설비에서 발사되는 전파의 주파수허용편차는 〈표 1-1〉과 같다.

〈표 1-1〉 주파수허용편차(무선설비규칙제3조 관련)

주파수대	무선국 종별	허용편차 (Hz를 붙인 것을 제외하고는 백만분율)
9kHz 초과 535kHz 이하	1. 고정국	
	가. 9kHz 초과 50kHz 이하의 무선설비	100
	나. 50kHz 초과 535kHz 이하의 무선설비	50
	2. 육상국	
	가. 해안국	100 [1), 2)]
	나. 항공국	100
	3. 이동국	
	가. 선박국	200 [2), 3)]
	나. 선박의 비상 송신설비	500 [4)]
	다. 구명이동국	500
	라. 항공기국	100
	4. 무선측위국	100
	5. 표준주파수국	0.005
	6. 방송국	10Hz
535kHz 초과 1,606.5kHz 이하	방송국	10Hz
1606.5kHz 초과 4,000kHz 이하	1. 고정국 및 육상국	
	가. 200W 이하의 무선설비	100 [1), 2), 5), 6), 7), 8)]
	나. 200W 초과의 무선설비	50 [1), 2), 5), 6), 7), 8)]
	2. 이동국	
	가. 선박국	40Hz [2), 3), 9)]
	나. 구명이동국	100
	다. 삭제 〈2010.1.12〉	**삭제 〈2010.1.12〉**
	라. 항공기국	100 [8)]
	마. 육상이동국	50 [10)]

1606.5kHz 초과 4,000kHz 이하	3. 무선측위국	
	가. 200W 이하의 무선설비	20 [11)]
	나. 200W 초과의 무선설비	10 [11)]
	4. 방송국	10Hz [12)]
	5. 표준주파수국	0.005
	6. 아마추어국	500
4MHz 초과 29.7MHz 이하	1. 고정국	
	가. 단측파대 및 독립측파대 발사	
	(1) 500W 이하의 무선설비	50Hz
	(2) 500W 초과의 무선설비	20Hz
	나. 종별 F1B의 발사	10Hz
	다. 기타 종별의 발사	
	(1) 500W 이하의 무선설비	20
	(2) 500W 초과의 무선설비	10
	2. 육상국	
	가. 해안국	20Hz [1), 2), 13)]
	나. 항공국 및 기타 무선국	
	(1) 500W 이하의 무선설비	100 [5), 8)]
	(2) 500W 초과의 무선설비	50 [5), 8)]
	다. 기지국	20 [5)]
	3. 이동국	
	가. 선박국	
	(1) 구명이동국	50
	(2) 종별 A1A의 발사	10
	(3) 종별 A1A외의 발사	50Hz [2), 3), 14)]
	나. 항공기국	100 [8)]
	다. 기타의 이동국	40 [15)]
	4. 방송국	10Hz [12)]
	5. 표준주파수국	0.005
	6. 아마추어국	500
	7. 간이무선국	50
	8. 라디오부이국	50
	9. 우주국	20
	10. 지구국	20

29.7MHz 초과 100MHz 이하	1. 고정국	
	가. 50W 이하의 무선설비	30
	나. 50W 초과의 무선설비	20
	2. 육상국	20
	3. 이동국	20 [16)]
	4. 무선측위국	50
	5. 텔레비전방송국	500Hz [17), 18)]
	6. 디지털 텔레비전방송국	1
	7. 기타의 방송국	2,000Hz [19)]
	8. 표준주파수국	0.005
	9. 아마추어국	500
	10. 간이무선국	50
	11. 우주국	20
	12. 지구국	20
100MHz 초과 470MHz 이하	1. 고정국	
	가. 138MHz～174MHz의 무선설비	
	(1) 2W 이하의 무선설비	8
	(2) 2W 초과의 무선설비	6
	나. 335.4MHz～470MHz의 무선설비	
	(1) 2W 이하의 무선설비	4 [20), 21)]
	(2) 2W 초과의 무선설비	3 [20), 21)]
	다. 기타 주파수의 무선설비	
	(1) 50W 이하의 무선설비	20 [20)]
	(2) 50W 초과의 무선설비	10
	2. 육상국	
	가. 해안국	10
	나. 항공국	20 [22)]
	다. 기지국	
	(1) 100MHz～138MHz의 무선설비	15 [23)]
	(2) 138MHz～174MHz의 무선설비	
	(가) 2W 이하의 무선설비	8
	(나) 2W 초과의 무선설비	6
	(3) 174MHz～235MHz의 무선설비	15 [23)]
	(4) 235MHz～335.4MHz의 무선설비	7 [23)]
	(5) 335.4MHz～470MHz의 무선설비	

	(가) 2W 이하의 무선설비	4
	(나) 2W 초과의 무선설비	3
	3. 이동국	
	가. 선박국 및 생존정의 송신설비	
	(1) 156MHz～174MHz의 무선설비	10
	(2) 156MHz～174MHz외의 무선설비	50 [24]
	나. 항공기국	30 [22]
	다. 육상이동국	
	(1) 100MHz～138MHz의 무선설비	15 [23]
	(2) 138MHz～174MHz의 무선설비	
	(가) 2W 이하의 무선설비	8
	(나) 2W 초과의 무선설비	6
	(3) 174MHz～235MHz의 무선설비	15 [23]
	(4) 235MHz～335.4MHz의 무선설비	7 [23], [25]
	(5) 335.4MHz～470MHz의 무선설비	
	(가) 2W 이하의 무선설비	4
	(나) 2W 초과의 무선설비	3
100MHz 초과 470MHz 이하	4. 무선측위국	500 [26]
	5. 텔레비전방송국	500Hz [17], [18]
	6. 디지털 텔레비전방송국	1
	7. 기타 방송국	2,000Hz [19]
	8. 표준주파수국	0.005
	9. 간이무선국	
	가. 138MHz～174MHz의 무선설비	
	(1) 2W 이하의 무선설비	8
	(2) 2W 초과의 무선설비	6
	나. 335.4MHz～470MHz의 무선설비	
	(1) 2W 이하의 무선설비	4
	(2) 2W 초과의 무선설비	3
	다. 기타 주파수의 무선설비	20
	10. 아마추어국	
	가. 1W 이하의 무선설비	1,000
	나. 1W 초과의 무선설비	500
	11. 우주국	20
	12. 지구국	20
	13. 특정소출력무선국	7 [27]

470MHz 초과 2,450MHz 이하	1. 고정국 가. 100W 이하의 것 나. 100W 초과의 것 2. 육상국 3. 이동국 4. 무선측위국 5. 아마추어국 6. 텔레비전방송국(470MHz 초과 960MHz 미만) 7. 디지털 텔레비전방송국 8. 기타 방송국 9. 우주국 10. 지구국	 100 50 20 20 500 [26)] 500 500Hz [17), 18)] 1 100 20 20
2,450MHz 초과 10.5GHz 이하	1. 고정국 가. 100W 이하의 것 나. 100W 초과의 것 2. 육상국 3. 이동국 4. 무선측위국 5. 아마추어국 6. 우주국 7. 지구국	 200 50 100 100 1,250 [26)] 500 50 50
10.5GHz～ 40GHz	1. 고정국 2. 무선측위국 3. 방송국 4. 우주국 5. 지구국	300 5,000 [26)] 100 100 100

※ 비고

1. 표 중 Hz는 전파의 주파수단위로 1초간의 사이클을, W 및 kW는 공중선전력의 크기와 단위를 표시한다.
2. 표 중 공중선전력은 단측파대 송신설비의 경우에는 첨두포락선전력(PX)으로, 그 밖의 송신설비의 경우에는 평균전력(PY)으로 한다.
3. 동일한 송신장치 및 동일주파수를 2 이상의 업무에 사용하는 경우에는 허용편차가 적은 것에 의한다.

[주]

1) 해안국의 인쇄전신 또는 데이터전송의 송신설비에 사용하는 전파의 주파수허용편차는 이 표에 규정한 값에 불구하고 다음과 같이 한다.
   가) 협대역 위상편이전건(PSK) 운용에 의한 송신설비 : 5Hz
   나) 주파수편이전건(FSK) 운용에 의한 송신설비(1992년 1월 1일 이전에 설치된 장치) : 15Hz
   다) 주파수편이전건(FSK) 운용에 의한 송신설비(1992년 1월 2일 이후에 설치되었거나 설치되는 장치) : 10Hz
2) 선박국 또는 해안국의 디지털선택호출용 송신설비에 사용하는 전파의 주파수허용편차는 이 표에 규정한 값에 불구하고 10Hz로 한다.
3) 선박국의 인쇄전신 또는 데이터전송의 송신설비에 사용하는 전파의 주파수허용편차는 이 표에 규정한 값에 불구하고 다음과 같이 한다.
   가) 협대역 위상편이전건(PSK) 운용에 의한 송신설비 : 5Hz
   나) 주파수편이전건(FSK) 운용에 의한 송신설비(1992년 1월 1일 이전에 설치된 장치) : 40Hz
   다) 주파수편이전건(FSK) 운용에 의한 송신설비(1992년 1월 2일 이후에 설치되었거나 설치되는 장치) : 10Hz
4) 선박의 비상송신설비가 주설비의 송신설비에 대한 예비 설비로 사용되는 경우에는 해당 비상송신설비에 대하여 선박국의 주파수허용편차를 적용한다.
5) 단측파대 무선전화 송신설비(해안국 및 항공국의 송신설비를 제외한다)에 사용하는 전파의 주파수허용편차는 이 표에 규정한 값에 불구하고 20Hz로 한다.
6) 주파수편이전건(FSK) 운용에 의한 무선전신 송신설비에 사용하는 전파의 주파수허용편차는 이 표에 규정한 값에 불구하고 10Hz로 한다.
7) 해안국의 단측파대 무선전화 송신설비에 사용하는 전파의 주파수허용편차는 이 표에 규정한 값에 불구하고 20Hz로 한다.
8) 1,606.5kHz 초과 4,000kHz 이하의 대역과 4MHz 초과 29.7MHz 이하의 대역을 사용하는 항공이동(R)업무용 단측파대 무선전화 송신설비에 사용하는 전파의 주파수허용편차는 이 표에 규정한 값에 불구하고 다음과 같이 한다.
   가) 항공국 : 10Hz
   나) 국제업무를 행하는 항공기국 : 20Hz
   다) 국제업무를 행하지 아니하는 항공기국 : 50Hz(가능한 한 20Hz)
9) A1A의 발사에 대하여는 이 표에 규정한 값에 불구하고 $50(10^{-6})$으로 한다.
10) 단측파대무선전화의 송신설비 또는 주파수편이전건 운용에 의한 무선전신의 송신설비에서 사용하는 전파의 주파수허용편차는 이 표에 규정한 값에 불구하고 40Hz로 한다.
11) 1,606.5kHz 초과 1,800kHz 이하의 주파수의 전파를 사용하는 무선표지용 송신설비에 사용하는 전파의 주파수허용편차는 이 표에 규정한 값에 불구하고 $50(10^{-6})$으로 한다.
12) 반송파 전력이 10kW 이하이고 A3E의 전파를 사용하는 송신설비의 주파수허용편차는 이 표에 규정한 값에 불구하고 다음과 같이 한다.

가) 1,606.5kHz 초과 4,000kHz 이하의 무선설비 : $20(10^{-6})$
나) 4MHz 초과 5.95MHz 이하의 무선설비 : $15(10^{-6})$
다) 5.95MHz 초과 29.7MHz 이하의 무선설비 : $10(10^{-6})$

13) A1A의 발사에 대하여는 이 표에 규정한 값에 불구하고 $10(10^{-6})$으로 한다.

14) 연안 또는 근해에서 운항하는 소형선박에 설치하는 선박국 송신설비로 반송파전력이 5W 이하이고 26,175kHz 초과 27,500kHz 이하의 주파수대의 F3E와 G3E 전파를 사용하는 경우의 주파수허용편차는 이 표에 규정한 값에 불구하고 $40(10^{-6})$으로 한다.

15) 단측파대 무선전화 송신설비(26,175kHz 초과 27,500kHz 이하의 주파수대에서 운용하는 첨두포락선전력이 15W 이하인 송신설비를 제외한다)에 사용하는 전파의 주파수허용 편차는 이 표에서 규정한 값에 불구하고 50Hz로 한다.

16) 이동체에 설치하지 아니한 휴대용 장치에 있어서 평균전력 5W 이하의 송신설비에 사용하는 전파의 주파수허용편차는 이 표에 규정한 값에 불구하고 $40(10^{-6})$으로 한다.

17) 소출력 텔레비전방송국의 무선설비에 사용하는 전파의 주파수허용편차는 이 표에 규정한 값에 불구하고 다음과 같다.

가) 29.7MHz 초과 100MHz 이하 및 100MHz 초과 960MHz 이하의 주파수대역을 사용하고, 그 영상 첨두포락선전력이 각각 50W 이하 및 100W 이하이며, 그 입력을 다른 텔레비전방송국으로부터 받아 소수의 시청자에게 방송을 행하는 방송국의 무선설비 : 2000Hz

나) 100MHz 초과 470MHz 이하의 주파수대역을 사용하고 영상 첨두포락선전력이 1W 이하인 무선설비 : 5kHz

다) 470MHz 초과 960MHz 이하의 주파수대역을 사용하고 영상 첨두포락선전력이 1W 이하인 무선설비 : 10kHz

18) 주 17)에 해당하지 아니하는 무선설비로 NTSC 신호를 송출하는 무선설비에 사용하는 전파의 주파수허용편차는 이 표에 규정한 값에 불구하고 1,000Hz를 적용한다.

19) 108MHz 이하의 주파수로 운용하는 평균전력 50W 이하의 송신설비에 사용하는 전파의 주파수허용편차는 이 표에 규정한 값에 불구하고 3,000Hz로 한다.

20) 직접 주파수변환을 사용하는 다단무선중계방식의 무선설비에 대한 주파수허용편차는 이 표에 규정한 값에 불구하고 $30(10^{-6})$으로 한다.

21) 방송중계를 하는 무선국의 무선설비에 사용하는 전파의 주파수허용편차는 이 표에 규정한 값에 불구하고 다음과 같이 한다.

가) 50W 이하의 무선설비 : $20(10^{-6})$
나) 50W 초과의 무선설비 : $10(10^{-6})$

22) 채널간격이 50kHz인 경우의 주파수허용편차는 이 표에 규정한 값에 불구하고 $50(10^{-6})$으로 한다.

23) 채널간격이 20kHz 이상의 경우에 적용한다.

24) 선상통신설비에 사용하는 전파의 주파수허용편차는 이 표에 규정한 값에 불구하고 $5(10^{-6})$으로 한다.

25) 이동체에 설치하지 아니한 휴대용 장치로 평균전력 5W 이하의 송신설비에 사용하는 전파의 주파수허용편차는 이 표에 규정한 값에 불구하고 $15(10^{-6})$으로 한다.

26) 특정한 주파수가 지정되지 아니한 레이더시스템의 경우 해당 시스템이 발사하는 전파의 점유주파수대폭은 해당 업무에 분배된 대역 내에서 유지되어야 하며, 이 경우 규정된 주파수허용편차는 적용하지 아니한다.
27) 430MHz대 특정소출력무선국의 주파수허용편차는 이 표에 규정한 값에 불구하고 100(10^{-6})으로 한다.

② 위의 주파수허용편차를 적용하기 곤란한 경우에는 국제전기통신연합(ITU)에서 정한 주파수허용편차를 적용한다.

＊ 기술기준근거 : 무선설비규칙 제3조

1.3 무선통신시스템 주파수대폭의 허용치

① 송신설비에서 발사되는 전파의 점유주파수대폭의 허용치는 〈표 1-2〉와 같다.

〈표 1-2〉 점유주파수대폭의 허용치(무선설비규칙 제4조, 제107조제6호 관련)

전파형식	무선설비	점유 주파수대폭의 허용치
A1A A1B	1. 100kHz 이하의 주파수의 전파로 사용하는 무선국의 무선설비	250Hz
	2. 제1호에 해당되지 아니하는 무선국의 무선설비	500Hz
A2A A2B	1. 75MHz 주파수의 전파를 발사하는 무선표지국의 무선설비	6.5kHz
	2. 400.15MHz 이상 406MHz 이하 주파수의 전파를 사용하는 기상원조국의 무선설비	1MHz
	3. 1,668.4MHz 이상 1,700MHz 이하 주파수의 전파를 사용하는 기상원조국의 무선설비	6MHz
	4. 해상이동업무를 행하는 무선국의 무선설비로서 1,000Hz를 초과하여 2,200Hz 이하의 변조주파수를 사용하는 것	5kHz
	5. 제1호부터 제4호에 해당되지 아니하는 무선국의 무선설비 (생존정의 송신장치를 제외한다)	2.5kHz

H2A H2B	**1. 해상이동업무를 행하는 무선국의 무선설비로서 1,000Hz를 초과하여 2,200Hz 이하의 변조주파수로 사용하는 것**	3kHz
	2. 제1호에 해당되지 아니하는 무선국의 무선설비	1.5kHz
A3E	1. 방송프로그램 전송을 내용으로 하는 국제공중통신무선국의 무선설비	8kHz
	2. 방송국과 방송중계(일반 공중에 직접 수신시키는 것을 목적으로 하지 아니하는 방송프로그램 중계를 말한다. 이하 같다)를 하는 무선설비	10kHz
	3. 스테레오포닉방송국과 방송중계를 하는 무선설비	15kHz
	4. 제1호부터 제3호에 해당되지 아니하는 무선국의 무선설비	6kHz
R3E, H3E, J3E	모든 무선국의 무선설비	3kHz
C3F, C9F, F3E, F8E, G3E, C2W, C7W, G7W	텔레비전방송을 하는 방송국의 무선설비	6MHz
F1A, F1B, F1D, G1A, G1B, G1D	1. 선박국 및 해안국의 무선설비로서 디지털선택호출·협대역직접인쇄전신·인쇄전신 또는 데이터전송에 사용하는 것	0.5kHz
	2. 1,644.3MHz 이상 1,646.5MHz 이하의 주파수의 전파를 사용하는 위성비상위치지시용 무선표지설비	0.6kHz
	3. 산란파에 따라 통신을 하는 무선국의 무선설비 외의 무선설비	2kHz
	4. 주파수 138MHz 이상 174MHz 이하, 335.4MHz 이상 470MHz 이하, 457.5MHz 이상 467.6MHz 이하(선상통신국에 한한다)의 전파를 사용하는 무선국의 무선설비 (방송중계를 하는 것, 아마추어국 및 해상이동업무를 하는 무선국을 제외한다)	8.5kHz
	5. 200MHz대의 주파수의 전파를 사용하는 특정소출력무선국의 무선설비	16kHz
	6. 406.0MHz 이상 406.1MHz 이하 주파수의 전파를 사용하는 위성비상위치지시용 무선표지설비	20kHz
	7. 제1호부터 제6호에 해당되지 아니하는 무선국의 무선설비	3kHz

F2A, F2B, F2D, F9D, F9X, G2A, G2B, G2D, K2A, K2B	1. 주파수 138MHz 이상 174MHz 이하, 335.4MHz 이상 470MHz 이하, 457.5MHz 이상 467.6MHz 이하(선상통신국에 한한다)의 전파를 사용하는 무선국의 무선설비(방송중계를 하는 것, 아마추어국 및 해상이동업무를 하는 무선국을 제외한다)	8.5kHz
	2. 주파수 29MHz 이상 50MHz 이하, 72MHz 이상 76MHz 이하, 146MHz 이상 174MHz 이하, 335.4MHz 이상 470MHz 이하의 전파를 사용하는 무선국(아마추어국을 제외한다)의 무선설비 3. 200MHz대의 주파수의 전파를 사용하는 특정소출력무선국의 무선설비	16kHz
	4. 주파수 940MHz에서 960MHz까지의 전파를 사용하는 무선국의 무선설비	400kHz
	5. 400.15MHz 이상 406MHz 이하 주파수의 전파를 사용하는 기상원조국의 무선설비	1MHz
	6. 주파수 1668.4MHz 이상 1,700MHz 이하의 전파를 사용하는 기상원조국의 무선설비	6MHz
	7. 제1호부터 제6호에 해당되지 아니하는 무선국의 무선설비	3kHz
F3E, G3E	1. 주파수 29.7MHz 이상 50MHz 이하, 138MHz 이상 174MHz 이하, 335.4MHz 이상 470MHz 이하, 457.5MHz 이상 467.6MHz 이하(선상통신국에 한한다)의 전파를 사용하는 무선국의 무선설비(방송중계를 하는 것, 아마추어국 및 해상이동업무를 하는 무선국을 제외한다)	8.5kHz
	2. 주파수 25.11MHz 이상 27.5MHz 이하, 29.7MHz 이상 50MHz 이하, 72MHz 이상 76MHz 이하, 146MHz 이상 174MHz 이하(아마추어국, 해상이동업무를 하는 무선국에 한한다), 216MHz 이상 223MHz 이하 및 450MHz 이상 467.58MHz 이하(선상통신국에 한하며 방송중계를 하는 것은 제외한다)의 주파수의 전파를 사용하는 무선국의 무선설비	16kHz
	3. 주파수 200MHz 이하의 전파를 사용하는 무선국으로서 제1호부터 제2호에 해당되지 아니하는 무선국의 무선설비	40kHz
	4. 초단파 방송국의 무선설비	180kHz
	5. 주파수 174MHz에서 585MHz까지의 전파를 사용하며 방송중계를 하는 이동업무 무선국의 무선설비	100kHz

	3. 주파수 200MHz 이하의 전파를 사용하는 무선국으로서 제1호부터 제2호에 해당되지 아니하는 무선국의 무선설비	40kHz
	4. 초단파 방송국의 무선설비	180kHz
	5. 주파수 174MHz에서 585MHz까지의 전파를 사용하며 방송중계를 하는 이동업무 무선국의 무선설비	100kHz
	6. 방송국과 주파수 72MHz에서 585MHz까지의 전파를 사용하여 방송중계를 하는 고정국의 무선설비	200kHz
	7. 주파수 942MHz에서 960MHz까지의 전파를 사용하는 무선국의 무선설비	400kHz
F8E,F9W, F9E	초단파 방송국의 무선설비	260kHz
F7W, G7W	800MHz대의 주파수의 전파를 사용하는 이동가입무선전화통신을 하는 무선국의 무선설비와 1800MHz대의 주파수의 전파를 사용하는 개인휴대전화용 무선설비	1.32MHz
P0N, K2A	주파수 1,670MHz 이상 1,690MHz 이하의 전파를 사용하는 기상원조국의 무선설비	6MHz

② 위의 필요주파수대폭을 적용하기 곤란한 경우에는 국제전기통신연합(ITU)에서 정하는 필요주파수대폭을 적용한다.

* 기술기준 근거 : 무선설비규칙 제4조

1.4 스퓨리어스영역 불요발사의 허용치

① 송신설비에서 발사되는 스퓨리어스영역 불요발사의 허용치는 〈표 1-3〉과 같다.

〈표 1-3〉 스퓨리어스영역 불요발사의 허용치(무선설비규칙제5조 관련)

구분	업무 또는 무선설비	공중선전력에 대한 감쇠값(데시벨)
1	우주업무	43+10log(PY) 또는 60dBc 중 덜 엄격한 값
2	무선측위업무	43+10log(PX) 또는 60dB 중 덜 엄격한 값
3	텔레비전방송업무	46+10log(PY) 또는 60dBc 중 덜 엄격한 값이고, VHF 무선국은 평균전력 1mW를 UHF 무선국은 평균전력 12mW를 각각 초과하지 아니할 것
4	초단파방송업무	46+10log(PY) 또는 70dBc 중 덜 엄격한 값이고, 평균전력 1mW를 초과하지 아니할 것
5	중파(MF)/단파(HF) 방송업무	50dBc이고, 평균전력 50mW를 초과하지 아니할 것
6	단측파대 이동국	첨두포락선전력(PX)보다 43dB 낮을 것
7	30MHz 대역 미만의 아마추어 업무 (단측파대 통신방식을 포함한다)	43+10log(PX) 또는 50dB 중 덜 엄격한 값
8	30MHz 대역 미만의 업무 (우주업무, 무선측위업무, 방송업무, 단측파대 이동국, 아마추어 업무를 제외한다)	43+10log(X) 또는 60dBc 중 덜 엄격한 값. 이 경우 단측파대 변조방식을 사용하는 경우에는 X를 PX로, 그 외의 변조방식을 사용하는 경우에는 X를 PY로 한다.
9	특정소출력용 무선기기	56+10log(PY) 또는 40dBc 중 덜 엄격한 값
10	비상 송신설비	제한 없음
11	그 밖의 업무 및 무선설비	43+10log(PY) 또는 70dBc 중 덜 엄격한 값

[주]

1) 스퓨리어스영역 불요발사 허용치 측정방법은 국제전기통신연합권고 SM.329에 의한다. 다만, 레이더의 경우 국제전기통신연합 권고 M.1177에 의한다.
2) 대역외영역과 스퓨리어스영역의 경계기준은 필요주파수대폭의 중심주파수로부터 필요주파수대폭의 250퍼센트만큼 이격된 주파수로 한다. 다만, 협·광대역 시스템에 대한 경계기준은 〈표 1-1〉을 따른다.

3) 스퓨리어스영역 불요발사 측정기준대역폭은 주파수 9kHz~150kHz에서 1kHz로, 150kHz~30MHz에서 10kHz로, 30MHz~1GHz에서 100kHz로, 1GHz 이상에서 1MHz로 한다. 다만, 우주업무는 주파수와 상관없이 4kHz로 한다.
4) 기호 dBc는 무변조 반송파 전력을 기준으로 한 dB를 말한다. 다만, 반송파가 없거나 측정할 수 없는 경우에는 평균전력을 기준으로 한 dB를 말한다.
5) 평균전력(PY) 및 첨두포락선전력(PX)의 단위는 W로 한다.
6) 아마추어업무에 사용되는 지구국은 30MHz 대역 미만의 아마추어 업무의 기준을 적용하고, 지구로부터 2×10^6km 이상 떨어진 곳에서 우주업무를 하는 우주국은 스퓨리어스영역 불요발사 제한을 적용하지 않는다.
7) 혼신방지 등을 위하여 필요하다고 인정되는 때에는 이 표에 규정된 스퓨리어스영역 불요발사의 허용치보다 엄격한 기준을 적용할 수 있다.
8) "특정소출력용 무선기기"란 「전파법 시행령」 제24조제4호에 따른 무선기기를 말한다.
9) "비상송신설비"란 비상위치지시용무선표지설비, 비상위치지시용송신기, 개인위치지시용표지설비, 수색구조용트랜스폰더, 생존정의 송신설비, 비상시 사용하는 육상, 항공, 해상 업무용 송신설비를 말한다. ◎

② 위의 스퓨리어스영역 불요발사의 허용치를 적용하기 곤란한 경우에는 국제전기통신연합(ITU)에서 정한 스퓨리어스영역 불요발사의 허용치를 적용한다.

＊ 기술기준근거 : 무선설비규칙 제5조

스퓨리어스영역 불요발사 허용치의 경과조치 : 다음의 무선설비에 대한 스퓨리어스발사의 허용치는 2011년 12월 31일까지는 〈표 1-4〉 기준을 적용한다.

〈표 1-4〉 스퓨리어스발사의 허용치(무선설비규칙 부칙 제3조 관련)

기본주파수대		급전선에 공급되는 주파수마다의 스퓨리어스발사의 평균전력의 허용치1)	비 고
9kHz 초과 30MHz 이하		50mW 이하이고 기본주파수의 평균전력보다 40dB 낮은 값 2)	
30MHz 초과 235MHz 이하	송신장치의 평균전력 25W 이하	25μW 이하이고 기본주파수의 평균전력보다 40dB 낮은 값 3), 4), 5)	
	송신장치의 평균전력 25W 초과	1mW 이하이고 기본주파수의 평균전력보다 60dB 낮은 값 3), 5)	

기본주파수대		급전선에 공급되는 주파수마다의 스퓨리어스발사의 평균전력의 허용치[1)]	비 고
235MHz 초과 960MHz 이하	송신장치의 평균전력 25W 이하	25μW 이하이고 기본주파수의 평균전력보다 40dB 낮은 값[3), 5)]	다중통신로의 송신설비는 기본주파수의 평균전력보다 40dB 낮은 값
	송신장치의 평균전력 25W 초과	20mW 이하이고 기본주파수의 평균전력보다 60dB 낮은 값[3), 5)]	
960MHz 초과 17.7GHz 이하	송신장치의 평균전력 10W 이하	100μW 이하의 낮은 값[3)]	
	송신장치의 평균전력 10W 초과	100mW 이하이고 기본주파수의 평균전력보다 50dB 낮은 값[3)]	
17.7GHz 초과		기본주파수의 평균전력보다 40dB 낮은 값[3)]	

[주]

1) 이 스퓨리어스발사의 허용치는 비상위치지시용무선표지설비(EPIRB), 비상위치지시용송신기(ELT), 개인위치지시용표지설비(PLB), 수색구조용트랜스폰더, 생존정의 송신설비, 해상업무용 송신설비 등을 비상시 사용하는 경우에는 적용하지 아니한다.
2) 평균전력 50kW 이상의 송신설비에서 1옥타브 이상의 주파수범위를 전환하여 사용할 때의 스퓨리어스발사는 표에 불구하고 급전선에 공급되는 매 주파수당 스퓨리어스발사 평균전력이 50mW 이하이고, 기본주파수의 평균전력보다 60dB이 낮은 값을 허용치로 한다.
3) 30MHz를 초과하는 주파수로서 F3E전파 및 G3E전파를 사용하는 선박국 및 휴대국(선박에서 사용하는 것에 한한다)과 F3E전파 및 G3E전파를 사용하는 휴대국(항공기에 탑재하여 국제전기통신연합전파규칙 부록 제18호의 표에 의한 주파수의 전파를 사용하는 것에 한한다)의 송신설비의 스퓨리어스발사는 표에 불구하고 급전선에 공급되는 매 주파수당 스퓨리어스발사 평균전력 기본주파수대가 146MHz 이상 174MHz 이하인 경우에는 2.5μW 이하의 값을 허용치로 하고, 그 밖의 주파수대인 경우에는 10μW 이하의 값을 허용치로 한다. 다만, 기본주파수의 평균전력이 20W 이상인 경우에는 이들의 허용치는 기본주파수의 평균전력에 비례하여 증가하는 것으로 본다.
4) 118MHz 이상 144MHz 이하의 주파수의 전파를 사용하는 평균전력 25W 이하의 항공이동업무를 행하는 무선국의 송신설비의 스퓨리어스발사는 표에 불구하고 급전선에 공급되는 매 주파수당 스퓨리어스발사 평균전력이 25μW 이하이고, 기본주파수의 평균전력보다 40dB 이상 낮은 값을 허용치로 한다.
5) 138MHz 이상 174MHz 이하, 335.4MHz 이상 470MHz 이하의 주파수의 전파를 사용하

는 송신설비로서, F1D · G1D · F2D · G2D · F3E · G3E전파를 사용하는 단일통신로의 무선국의 송신설비(아마추어국 · 해상이동업무를 행하는 무선국 및 457.5MHz 이상 467.6MHz 이하의 주파수의 전파를 사용하는 선상통신국의 송신설비를 제외한다)의 스퓨리어스발사는 표에 불구하고 기본주파수의 평균전력이 25W 이하의 송신설비인 경우에는 2.5μW 이하의 값을 허용치로 하고, 기본주파수의 평균전력이 25W를 초과하는 송신설비인 경우에는 1mW 이하이고, 기본주파수의 평균전력보다 70dB 낮은 값을 허용치로 한다. ◎

＊기술기준근거 : 무선설비규칙 부칙 제3조

1.5 무선통신시스템 송신설비의 전력

① 송신설비의 전력은 공중선전력으로 표시한다. 다만, 다음의 어느 하나에 해당하는 송신설비의 전력은 규격전력으로 표시한다.

1. 500MHz 이하의 주파수의 전파를 사용하는 송신설비로서 정격출력 1W 이하의 진공관을 사용하는 것
2. 생존정에 사용되는 비상용의 무선설비와 비상위치지시용 무선표지설비(라디오부이의 송신설비 및 항공이동업무 또는 항공무선항행업무용 무선설비의 송신설비를 제외한다)
3. 아마추어국 및 실험국의 송신설비(방송을 행하는 실험국의 송신설비를 제외한다)
4. 제1호부터 제3호까지 외의 송신설비로서 첨두포락선전력, 평균전력 또는 반송파전력을 측정하기가 곤란하거나 측정할 필요가 없는 송신설비

② 송신설비의 전력에 대하여 전파이용질서의 유지 및 보호를 위하여 필요한 경우에는 제1항에 따른 전력 외에 등가등방복사전력 또는 실효복사전력을 함께 표시할 수 있다.

③ 전파형식별 공중선전력의 표시와 환산비는 〈표 1-5〉와 같고, 송신설비의 공중선전력 허용편차는 〈표 1-6〉과 같다.

＊ 기술기준근거 : 무선설비규칙 제6조

〈표 1-5〉 전파형식별 공중선전력의 표시와 환산비(무선설비규칙 제6조제3항 관련)

1. 전파형식별 공중선전력의 표시

구분	전파형식	전력의 표시
가.	A1A A1B A1D A2A A3C(전반송파를 단속하는 것에 한한다) A8W(전반송파를 단속하는 것에 한한다) A9W(전반송파를 단속하는 것에 한한다) B7W B8C B8E B9B B9W C3F(방송국 설비에 한한다) C9F J2A J2B J3C J3E J8E K1A K2A K3E L1D L2A L3E M2A M3D M3E M7E P0N Q0N R3C R3E R7B V3E	첨두포락선전력(PX)
나.	A3E(방송국 설비에 한한다)	반송파전력(PZ)
다.	가목 및 나목 외의 전파형식	평균전력(PY)(방송통신위원장이 별도로 정하여 고시하는 경우에는 예외로 한다)

2. 전파형식별 공중선전력의 환산비

전파 형식	변조특성	환산비			비고
		반송파 전력 (PZ)	평균 전력 (PY)	첨두 전력 (PX)	
A1A A1B			0.5	1	
A2A A2B	가. 변조용 가청주파수의 전건운용 나. 변조파의 전건운용	1 1	1.25 0.75	4 4	
A3E		1	1	4	
R3E			0.14	1	1)
B8E			0.075	1	2)

전파 형식	변조특성	환산비			비고
		반송파 전력 (PZ)	평균 전력 (PY)	첨두 전력 (PX)	
J3E			0.16	1	1)
A3C	가. 주반송파의 단속 나. 기타	1	0.5 1	1 4	
R3C			0.14	1	
J3C			0.16	1	
C3F C9F			1	1.68	방송국에 한함 3)
C2W C7W			1	4	방송국에 한함
R7B			0.14	1	
R7A			0.075	1	
P0N			1	1/d	4)
K1A			0.5	1/d	
K2A K2B	가. 변조용 가청주파수의 전건운용 나. 변조파의 전건운용		1.25 0.75	4/d 4/d	
L2A L2B	가. 변조용 가청주파수의 전건운용 나. 변조파의 전건운용		1 0.5	1/da 1/da	4)
M2A M2B	가. 변조용 가청주파수의 전건운용 나. 변조파의 전건운용		1 0.6	1/da 1/da	
K3E			1	4/da	
L3E			1	1/da	
M3E			1	1/da	

[주]

1) 저감반송파 또는 억압반송파를 이용하는 단일통신로 송신장치의 첨두포락선전력은 한 변조주파수에 따라 송신전력의 포화레벨로 변조한 경우의 평균전력으로 한다.
2) 저감반송파를 이용하는 송신장치 또는 다중 통신로 송신장치의 첨두포락선전력은 임의의 변조주파수에 따라 변조한 평균전력의 4배로 한다. 이 경우 동일 통신로에 위의 변조주파수와 같은 강도로서 주파수가 다른 임의의 변조주파수를 가한 때에는 송신장치의 고조파 출력에서 제3차 혼변조 신호가 단일변조만을 가한 때보다 25dB 내려간 것으로 한다.
3) 방송용 송신장치에서 페데스탈(시험용 영상신호)에 상당하는 영상을 보낸 때의 평균전력을 1로 한다.
4) 표 중 d는 충격계수(펄스폭과 펄스주기와 비)를, da는 평균 충격계수를 표시한다.

〈표 1-6〉 공중선전력 허용편차(무선설비규칙 제6조제3항 관련)

<table>
<tr><th rowspan="2">송 신 설 비</th><th colspan="2">허용편차</th></tr>
<tr><th>상 한
퍼센트</th><th>하 한
퍼센트</th></tr>
<tr><td>1. 방송국(초단파방송 또는 텔레비전방송을 행하는 방송국 및 위성방송보조국을 제외한다)의 송신설비</td><td>5</td><td>10</td></tr>
<tr><td>2. 초단파방송 또는 텔레비전방송을 행하는 방송국의 송신설비</td><td>10</td><td>20</td></tr>
<tr><td>3. 디지털 텔레비전방송국의 송신설비</td><td>5</td><td>5</td></tr>
<tr><td>4. 해안국, 항공국 또는 선박을 위한 무선표지국의 송신설비로서 25.11MHz 이하의 주파수의 전파를 사용하는 것</td><td rowspan="2">10</td><td rowspan="2">20</td></tr>
<tr><td>5. 선박국의 송신설비로서 다음 각목에 해당하는 것
가. 의무선박국의 무선설비로서 405kHz부터 535kHz 이하의 주파수의 전파를 사용하는 것
나. 의무선박국의 무선설비로서 1,605kHz부터 3,900kHz하의 주파수의 전파를 사용하는 것</td></tr>
<tr><td>6. 다음 각목의 송신설비
가. 비상위치지시용 무선표지설비
나. 생존정의 송신설비
다. 항공기용 구명무선설비
라. 초단파대 양방향 무선전화</td><td>50</td><td>20</td></tr>
<tr><td>7. 다음 각목의 송신설비
가. 아마추어국의 송신설비
나. 전기통신역무를 제공하는 무선국의 송신설비
다. 위성방송보조국의 송신설비
라. 신고하지 아니하고 개설할 수 있는 무선국의 송신설비
마. 주파수공용통신(TRS) 무선국의 송신설비</td><td>20</td><td>-</td></tr>
<tr><td>8. 그 밖의 송신설비</td><td>20</td><td>50</td></tr>
</table>

1.6 무선통신시스템 변조특성

① 변조신호에 따라 반송파가 진폭변조되는 송신장치는 변조도가 100%를 초과하지 아니하여야 하고, 반송파가 주파수변조되는 송신장치는 최대주파수편이의 범위를 초과하지 아니하여야 한다.

② 무선설비는 최고 통신 속도 또는 최고변조주파수에서 안정적으로 동작하여야 한다.

* 기술기준근거 : 무선설비규칙 제7조

1.7 무선통신시스템 공중선계

공중선계는 다음의 조건을 충족하여야 한다.

1. 공중선은 이득이 높을 것
2. 정합은 신호의 반사손실이 최소화되도록 할 것
3. 지향성은 복사되는 전력이 목표하는 방향을 벗어나지 아니하도록 안정적일 것

* 기술기준근거 : 무선설비규칙 제8조

1.8 무선통신시스템 수신설비

① 수신설비로부터 부차적으로 발사되는 전파의 세기는 수신공중선과 전기적 상수가 같은 의사공중선회로(의사공중선회로)를 사용하여 측정한 경우에 −54dBmW 이하이어야 한다.

② 수신설비는 다음의 조건을 충족하여야 한다.

1. 수신주파수는 운용범위 이내일 것
2. 선택도가 클 것
3. 내부잡음이 적을 것
4. 감도는 낮은 신호입력에서도 양호할 것

* 기술기준근거 : 무선설비규칙 제9조

1.9 무선통신시스템의 보호장치 및 특수장치

① 공중선전력 10W를 초과하는 무선설비에 사용하는 전원회로에는 퓨즈 또는 자동차단기를 갖추어야 한다.

② 원활한 통신소통을 위하여 필요하다고 인정되는 무선국에는 선택호출장치 또는 식별장치 등의 특수장치를 갖추어야 한다.

* 기술기준근거 : 무선설비규칙 제10조

1.10 무선통신시스템의 무선설비 전원

① 무선설비의 운용을 위한 전원은 전압변동률이 정격전압의 ±10% 이내로 유지할 수 있어야 한다.

② 의무선박국 및 의무항공기국의 전원은 다음의 조건을 충족하는 데 필요한 충분한 전력을 공급할 수 있어야 한다.

1. 항행 중 해당 무선국의 무선설비를 동작시킬 것
2. 예비전원용 축전지를 충전할 수 있을 것

③ 비상국의 전원은 다음의 조건에 적합하여야 한다.

1. 수동발전기, 원동발전기, 무정전전원설비 또는 축전지로서 24시간 이상 상시 운용할 수 있을 것

2. 즉각 최대성능으로 사용할 수 있을 것

* 기술기준근거 : 무선설비규칙 제11조

1.11 무선통신시스템의 무선설비 동작안정을 위한 조건

① 무선설비는 전원이 정격전압의 ±10% 이내의 범위에서 변동된 경우에도 안정적으로 동작할 수 있어야 한다. 다만, 축전지를 사용하는 무선설비 중에서 저전압에 따라 자동으로 전원이 차단되는 기능을 가진 무선설비는 저전압에 따라 무선설비의 전원이 자동으로 차단되는 전압과 해당 무선설비에 사용되는 축전지의 최고 전압의 범위 안에서 안정적으로 동작할 수 있어야 한다.

② 무선설비는 사용상태에서 통상 접하는 온도 및 습도의 변화, 진동 또는 충격 등의 경우에도 지장 없이 동작할 수 있어야 한다.

③ 무선설비는 외부의 기계적 잡음 등의 방해를 받지 아니하는 안전한 장소에 설치하여야 한다.

* 기술기준근거 : 무선설비규칙 제12조

1.12 무선통신시스템 예비전원 및 예비품

① 의무선박국과 의무항공기국은 주 전원설비의 고장 시 대체할 수 있는 예비전원시설을 갖추어야 한다.

② 의무항공기국의 예비전원은 항공기의 항행안전을 위하여 필요한 무선설비를 30분 이상 동작시킬 수 있는 성능을 가져야 한다.

③ 의무선박국은 송신장치의 모든 전력으로 시험할 수 있는 의사공중선을 비치하여야 한다.

④ 의무선박국은 해당 무선설비와 해당 무선설비를 제어하는 장치를 충분히 조

명할 수 있는 비상등을 설치하여야 한다. 이 경우 비상등의 전원은 해당 무선설비를 통상 조명하는 데 사용되는 전원으로부터 독립되어 있어야 한다.

* 기술기준근거 : 무선설비규칙 제13조

— 참고 : 협대역 시스템과 광대역 시스템의 비교

협대역 시스템은 〈표 1-7〉에 의한 협대역 기준치보다 작은 필요주파수대폭을 사용하는 무선설비를 말하고 광대역 시스템은 〈표 1-7〉에 의한 광대역 기준치보다 큰 필요주파수대폭을 사용하는 무선설비를 말한다.

〈표 1-7〉 협대역과 광대역 시스템에 대한 경계기준

(무선설비규칙 제2조제32호, 제2조제33호 및 표 4(주)2)관련)

1. 경계기준

주파수범위	협대역		광대역	
	기준치	경계기준	기준치	경계기준
9 kHz $< f_c \leq$ 150 kHz	250 Hz	625 Hz	10 kHz	$1.5B_N$ +10 kHz
150 $< f_c \leq$ 30 MHz	4 kHz	10 kHz	100 kHz	$1.5B_N$ +100 kHz
30 MHz $< f_c \leq$ 1 GHz	25 kHz	62.5 kHz	10 MHz	$1.5B_N$ +10 MHz
1 GHz $< f_c \leq$ 3 GHz	100 kHz	250 kHz	50 MHz	$1.5B_N$ +50 MHz
3 GHz $< f_c \leq$ 10 GHz	100 kHz	250 kHz	100 MHz	$1.5B_N$ +100 MHz
10 GHz $< f_c \leq$ 15 GHz	300 kHz	750 kHz	250 MHz	$1.5B_N$ +250 MHz
15 GHz $< f_c \leq$ 26 GHz	500 kHz	1.25 MHz	500 MHz	$1.5B_N$ +500 MHz
26 GHz $< f_c$	1 MHz	2.5 MHz	500 MHz	$1.5B_N$ +500 MHz

2. 특정업무에 대한 협대역 경계기준

업 무 명	주파수범위		협대역	
			기준치	경계기준
고정업무	14 ~ 1.5 MHz		20 kHz	50 kHz
	1.5 ~ 30 MHz	$P_T \leq$ 50 W	30 kHz	75 kHz
		$P_T >$ 50 W	80 kHz	200 kHz

3. 특정업무에 대한 광대역 경계기준

업 무 명	주파수범위	광대역	
		기준치	경계기준
고정업무	14 ~ 150 kHz	20 kHz	1.5B_N +20 kHz
고정위성업무	3.4 ~ 4.2 GHz	250 MHz	1.5B_N +250 MHz
고정위성업무	5.725 ~ 6.725 GHz	500 MHz	1.5B_N +500 MHz
고정위성업무	7.25 ~ 7.75 GHz, 7.9 ~ 8.4 GHz	250 MHz	1.5B_N +250 MHz
고정위성업무	10.7 ~ 12.75 GHz	500 MHz	1.5B_N +500 MHz
위성방송업무	11.7 ~ 12.75 GHz	500 MHz	1.5B_N +500 MHz
고정위성업무	12.75 ~ 13.25 GHz	500 MHz	1.5B_N +500 MHz
고정위성업무	13.75 ~ 14.8 GHz	500 MHz	1.5B_N +500 MHz

[주]

1) f_c는 발사의 중심주파수, B_N은 필요주파수대폭, P_T는 공중선전력을 말한다.
2) 시스템의 지정주파수대역이 두 개의 주파수범위에 걸쳐 있는 경우 높은 주파수범위에 해당하는 경계기준을 적용한다.
3) 다중반송파 위성시스템 및 1차레이더에 대한 대역외영역과 스퓨리어스영역의 경계기준은 국제전기통신연합 권고 SM.1541에 의한다. ◎

∗ 기술기준근거 : 무선설비규칙 제2조32, 33호

2 chapter

전파응용설비와 전력선통신설비의 기술기준

2.1 전파응용설비의 전계강도 허용치

① 전파법시행령 제74조에 따른 통신설비외의 전파응용설비에서 발사되는 기본파 또는 불요발사에 의한 전계강도의 최대허용치는 다음과 같다.

1. 산업용 전파응용설비 : 100m 거리(해당 설비가 설치되어 있는 주위의 구역이 시설자의 소유인 경우에는 그 구역의 경계선)에서 $100\mu V/m$ 이하일 것
2. 의료용 전파응용설비 : 30m 거리(해당 설비가 설치되어 있는 주위의 구역이 시설자의 소유인 경우에는 그 구역의 경계선)에서 $100\mu V/m$ 이하일 것
3. 기타 전파응용설비

가. 고주파출력이 500W 이하인 것 : 30m 거리(해당 설비가 설치되어 있는 주위의 구역이 시설자의 소유인 경우에는 그 구역의 경계선)에서 $100\mu V/m$ 이하일 것

나. 고주파출력 500W를 초과하는 것 : 100m 거리(해당 설비가 설치되어 있는 주위의 구역이 시설자의 소유인 경우에는 그 구역의 경계선)에서 $100\mu V/m$ 이하이고, 30m 거리(해당 설비가 설치되어 있는 주위의 구역이 시설자의 소유인 경우에는 그 구역의 경계선)에서 $100 \times \sqrt{P/500}$ (P는 고주파출력을 와트(W)로 표시한 수로 한다)$\mu V/m$ 이하일 것

전파법시행령 제74조 (통신설비 외의 전파응용설비) 전파법 제58조제1항제1호에서 "대통령령이 정하는 기준에 해당하는 설비"란 주파수가 9킬로헤르츠(kHz) 이상인 고주파 전류를 발생시키는 설비로서 50와트를 초과하는 고주파 출력을 사용하는 다음 각 호의 어느 하나에 해당하는 설비를 말한다. 다만, 가사용 전자제품 등 방송통신위원회가 정하여 고시하는 것은 제외한다.

1. 산업용 전파응용설비(고주파의 에너지를 발생시켜 그 에너지를 목재와 합판의 건조, 금속의 용융 또는 가열, 진공관의 배기 등 산업생산을 위하여 사용하는 것)
2. 의료용 전파응용설비(고주파의 에너지를 발생시켜 그 에너지를 의료용으로 사용하는 것)
3. 그 밖의 전파응용설비[제1호 및 제2호 외의 설비로서 고주파의 에너지를 직접 부하(부하)에 가하여 가열 또는 전리 등의 목적에 이용하는 것]

② 제1항의 전계강도 허용치에도 불구하고 산업 · 과학 · 의료 · 가사 그 밖에 이와 유사한 목적으로 분배된 주파수를 이용하는 통신설비 외의 전파응용설비에서 발사되는 기본파의 전계강도 허용치는 두지 아니한다.

＊ 기술기준근거 : 무선설비규칙 제14조

2.2 전력선통신설비와 유도식통신설비의 주파수허용편차

전파법시행령 제75조제1항제1호에 따른 전력선통신설비 및 전파법시행령 제75조제1항제2호에 따른 유도식통신설비에서 발사되는 주파수허용편차는 0.1%로 한다.

> **전파법 시행령 제75조 (통신설비인 전파응용설비)**
>
> ① 전파법 제58조제1항제2호에서 "대통령령이 정하는 기준에 해당하는 설비"란 다음 각 호의 어느 하나에 해당하는 설비를 말한다.
>
> 1. 전력선을 이용한 통신설비(이하 "전력선통신설비"라 한다)는 해당 설비로부터 3미터에서의 전계강도가 500마이크로볼트(μV/m)를 초과하는 설비. 다만, 해당 설비의 주파수가 450킬로헤르츠(kHz) 미만인 경우에는 방송통신위원회가 고시하는 전계강도를 초과하는 설비로 한다.
> 2. 유도식 무선전신 · 무선전화로서 해당 설비로부터 500미터 떨어지고 선로로부터 기본주파수의 파장을 2파이(π)로 나눈 거리에서의 전계강도가 미터마다 15마이크로볼트를 초과하는 것(이하 "유도식통신설비"라 한다)
>
> ② 전력선통신설비는 그 설비에서 발사되는 주파수와 사용하는 출력이 다음 각 호에 적합하여야 한다. 〈개정 2008.6.20〉
>
> 1. 9킬로헤르츠(kHz) 이상 30메가헤르츠(MHz)까지의 범위의 주파수(기술개발을 위한 현장실험의 경우는 제외한다)
> 2. 송신설비의 고주파 출력이 10와트 이하일 것. 다만, 특수한 장치의 것은 제외한다.
>
> ③ 유도식통신설비는 그 설비에서 발사되는 주파수가 9킬로헤르츠(kHz)부터 250킬로헤르츠(kHz)까지의 것이어야 한다.

＊ 기술기준근거 : 무선설비규칙 제15조

2.3 전력선통신설비와 유도식통신설비의 누설전계강도 허용치

① 전력선통신설비의 전력선에 통하는 고주파전류의 기본파에 의한 누설전계강도는 그 송신장치로부터 1km 이상 떨어지고, 전력선으로부터의 거리가 기본주파수의 파장을 2π로 나눈 지점에서 500μV/m 이하이어야 한다.

② 유도식통신설비의 선로에 통하는 고주파전류의 기본파에 의한 누설전계강도는 그 송신장치로부터 1km 이상 떨어지고, 선로로부터의 거리가 기본주파수의 파장을 2π로 나눈 지점에서 200μV/m 이하이어야 한다. 다만, 탄광의 갱내 등 지형사정으로 인하여 측정이 불가능한 경우에는 그러하지 아니하다.

③ 전력선통신설비 및 유도식통신설비에서 발사되는 고조파·저조파 또는 기생발사강도는 기본파에 대하여 30dB 이하이어야 한다.

＊ 기술기준근거 : 무선설비규칙 제16조

2.4 전력선의 반송 혼신방지

① 전력선의 반송은 전력선에 통하는 고주파전류에 따라 다른 통신설비에 혼신을 주지 아니하도록 다음의 조건에 적합하여야 한다.

1. 고주파전류를 통하는 전력선의 분기점에는 전송특성의 필요에 따라 쵸크코일을 넣을 것
2. 고주파전류를 통하는 전력선의 경로는 그 부근에 다른 각종 선로와 무선설비가 적은 곳을 택할 것

② 고주파전류를 통하는 유도식 통신설비의 선로는 다른 통신설비에 주는 혼신을 방지하기 위하여 가능한 한 다른 전선로와 결합되지 아니하여야 한다.

＊ 기술기준근거 : 무선설비규칙 제17조

3 chapter

유비쿼터스 무선통신시스템의 무선설비 안전시설기준

3.1 무선설비의 안전시설

① 무선설비에 전원의 공급을 위하여 고압전기(600V를 초과하는 고주파 및 교류전압과 750V를 초과하는 직류전압을 말한다. 이하 같다)를 발생시키는 발전기나 고압전기가 인입되는 변압기, 정류기 등을 이용할 경우에는 해당 기기들은 외부에서 용이하게 닿지 아니하도록 절연차폐체 내 또는 접지된 금속차폐체 내에 수용되어 있어야 한다. 다만, 취급자 외의 자가 출입하지 못하도록 된 장소에 설치되는 경우에는 그러하지 아니하다.

② 송신설비의 각 단위장치 상호간을 연결하는 전선으로서 고압전기를 통하는 것은 견고한 절연차폐체 또는 접지된 금속차폐체 내에 수용하여야 한다. 다만, 취급자 외의 자가 출입하지 못하도록 된 장소에 설치하는 경우에는 그러하지 아니하다.

③ 송신설비의 조정판 또는 케이스로부터 노출된 전선이 고압전기를 통하는 경우에는 그 전선이 절연되어 있을 때에도「전기사업법」제39조에 따른 전기설비의 안전관리를 위하여 필요한 기술기준에 따라 보호하여야 한다.

④ 송신설비의 공중선 · 급전선 등 고압전기를 통하는 장치는 사람이 보행하거나 기거하는 평면으로부터 2.5m 이상의 높이에 설치되어야 한다. 다만, 다음의 경우에는 그러하지 아니하다.

1. 2.5m 미만의 높이의 부분이 인체에 용이하게 닿지 아니하는 위치에 있는 경우
2. 이동국으로서 그 이동체의 구조상 설치가 곤란하고 무선종사자 외의 자가 출입하지 아니하는 장소에 있는 경우

＊ 기술기준근거 : 무선설비규칙 제18조

3.2 무선통신시스템 공중선 등의 안전시설

① 무선설비의 공중선계에는 피뢰기 및 접지장치를 설치하여야 하고, 피뢰기에는 별도의 접지장치를 설치하여야 한다. 다만, 이동국 등의 휴대용 무선설비, 육상이동국 및 간이무선국의 공중선계는 그러하지 아니하다.

② 무선설비의 공중선은 공중선주의 동요에 따라 절단되지 아니하도록 보호되어 있어야 한다.

* 기술기준근거 : 무선설비규칙 제19조

3.3 산업용 전파응용설비의 안전시설

전파법시행령 제74조제1호에 따른 산업용 전파응용설비는 그 설비의 운용에 따라 인체에 위해를 주거나 물건에 손상을 주지 아니하도록 다음 각 호의 조건에 적합하여야 한다.

1. 고압전기에 의하여 충전되는 기구와 전선은 외부에서 용이하게 닿지 아니하도록 절연차폐체 또는 접지된 금속차폐체 내에 수용할 것. 다만, 고주파용접장치 · 진공관전극 · 가열용장치 등과 같이 전극을 직접 노출하지 아니하면 사용목적을 달성할 수 없는 것을 제외한다.
2. 설비의 조작에 의하여 설비에 접근하는 인체와 전기적 양도체에 고주파전력을 유발할 우려가 있을 경우에는 그 위험을 방지하기 위하여 필요한 설비를 할 것
3. 인체의 안전을 위하여 접지장치를 설치할 것

전파법시행령 제74조 (통신설비 외의 전파응용설비) 전파법 제58조제1항제1호에서 "대통령령이 정하는 기준에 해당하는 설비"란 주파수가 9킬로헤르츠(kHz) 이상인 고주파 전류를 발생시키는 설비로서 50와트를 초과하는 고주파 출력을 사용하는 다음

각 호의 어느 하나에 해당하는 설비를 말한다. 다만, 가사용 전자제품 등 방송통신위원회가 정하여 고시하는 것은 제외한다.

1. 산업용 전파응용설비(고주파의 에너지를 발생시켜 그 에너지를 목재와 합판의 건조, 금속의 용융 또는 가열, 진공관의 배기 등 산업생산을 위하여 사용하는 것)

* 기술기준근거 : 무선설비규칙 제20조

3.4 의료용 전파응용설비의 안전시설

영 제74조제2호에 따른 의료용 전파응용설비는 그 설비의 운용에 따라 인체에 위해를 주거나 손상을 주지 아니하도록 다음 각 호의 조건에 적합하여야 한다.

1. 고압전기에 의하여 충전되는 기구와 전선은 외부에서 용이하게 닿지 아니하도록 절연차폐체 또는 접지된 금속차폐체 내에 수용할 것
2. 의료전극 및 그 도선과 발진기 · 출력회로 · 전력선 등 사이에서의 절연저항은 500V용 절연저항시험기에 따라 측정하여 50MΩ 이상일 것
3. 의료전극과 그 도선은 직접 인체에 닿지 아니하도록 양호한 절연체로 덮을 것. 다만, 라디오메스 등으로서 전극을 직접 노출하여 인체에 닿게 하여 사용하는 부분은 예외로 한다.
4. 인체의 안전을 위하여 접지장치를 설치할 것

전파법시행령 제74조 (통신설비 외의 전파응용설비) 전파법 제58조제1항제1호에서 "대통령령이 정하는 기준에 해당하는 설비"란 주파수가 9킬로헤르츠(kHz) 이상인 고주파 전류를 발생시키는 설비로서 50와트를 초과하는 고주파 출력을 사용하는 다음 각 호의 어느 하나에 해당하는 설비를 말한다. 다만, 가사용 전자제품 등 방송통신위원회가 정하여 고시하는 것은 제외한다.

2. 의료용 전파응용설비(고주파의 에너지를 발생시켜 그 에너지를 의료용으로 사용하는 것)

* 기술기준근거 : 무선설비규칙 제21조

3.5 전파응용설비의 안전기준 준용규정

① 제18조의(무선설비의 안전시설) 규정은 전파법시행령 제75조제1항(1.산업용전파응용설비(고주파의 에너지를 발생시켜 그 에너지를 목재와 합판의 건조, 금속의 용융 또는 가열, 진공관의 배기 등 산업생산을 위하여 사용하는 것)에 따른 통신설비인 전파응용설비의 안전기준에 관하여 이를 준용한다.

② 제20조(산업용전파응용설비의안전시설)의 규정은 영 제74조제3호(3.그 밖의 전파응용설비[제1호 및 제2호 외의 설비로서 고주파의 에너지를 직접 부하(부하)에 가하여 가열 또는 전리 등의 목적에 이용하는 것])에 따른 기타 전파응용설비의 안전기준에 관하여 이를 준용한다.

* 기술기준근거 : 무선설비규칙 제6조

4 chapter

방송업무용 통신시스템 기술기준

4.1 방송표준방식 및 방송업무용 무선설비의 기술기준 개요

방송표준방식 및 방송업무용 무선설비의 기술기준은 방송을 행하는 방송국의 카메라 · 마이크로폰 증폭기 · 데이터방송용 저작장치 또는 저장 · 재생장치의 출력단자에서 송신공중선까지의 범위(중계용과 연락망용을 제외한다)의 무선설비에 대한 기술기준이다.

* 기술기준근거 : 무선설비규칙 제23조

4.2 방송국 예비장치

① 방송국에는 방송중단사고를 예방하고 송신신호를 안정하게 공급하는 데 필요한 예비송신장치 및 예비전원장치를 비치하여야 한다. 다만, 공중선전력이 1kW(지상파 디지털 텔레비전방송국은 100W) 미만인 경우는 제외한다.

② 송신장치가 병렬조합방식으로 구성되어 있는 방송국은 제1항에 따른 예비송신장치를 갖춘 것으로 본다.

* 기술기준근거 : 무선설비규칙 제24조

4.3 방송국의 의사공중선

방송국에는 송신기의 기기조정 및 시험을 하는 데 필요한 의사공중선을 구비하여야 한다.

* 기술기준근거 : 무선설비규칙 제25조

4.4 중파(AM)방송용 통신시스템

① 중파(AM)방송용 무선설비의 기술기준은 다음과 같다.

1. 변조도

가. 모노포닉방송을 행하는 송신장치 등은 적어도 95%까지 직선적으로 변조할 수 있을 것

나. 스테레오포닉방송을 행하는 송신장치 등은 동일한 좌측신호와 우측신호를 합한 신호에 따라 적어도 95%까지 직선적으로 변조할 수 있을 것

2. 변조방식

가. 모노포닉방송을 위한 변조는 진폭변조방식으로 할 것

나. 스테레오포닉방송을 위한 변조는 모노포닉방송과 양립성을 갖도록 하기 위하여 직교진폭변조방식으로 할 것

(1) 직교진폭변조는 음성신호의 좌측 신호와 우측신호의 합신호로 동위상반송파를 진폭변조한 출력과 좌측신호와 우측신호의 차신호 및 파이롯트 신호와 90도의 위상차를 갖는 반송파를 직교진폭변조한 출력을 합성한 후 진폭변조분을 제거하여 위상편이(직교변조 위상각)만을 갖는 반송파를 만들어 재차 합신호에 의해서 진폭변조하는 방식으로 할 것

(2) 변조의 방정식은 다음과 같다.

$E=(1+M)\cos(2\pi f_c t+\theta)$ $\theta=\tan-1(S+P\sin 2\pi f_p t/1+M)$

f_c : 반송파의 주파수 f_p : Pilot 신호의 주파수

M : 합신호($L+R$)   S : 차신호($L-R$)

L : 좌측신호 R : 우측신호

P : Pilot신호 θ : 직교변조 위상각 t : 시간

단 M, S, L, R, P는 반송파 전압에서 정규화된 값

3. 변조주파수

가. 모노포닉방송을 행하는 경우에 음성신호의 변조주파수는 5,000Hz 이내로 할 것

나. 스테레오포닉방송을 행하는 경우에 음성신호의 변조주파수는 7,500Hz 이내로 할 것

4. 파이롯트 신호

가. 파이롯트 신호의 주파수는 25Hz(±)0.1Hz 이내로 할 것

나. 파이롯트 신호에 의한 반송파의 최대위상편이는 (±)0.05라디안 이내로 할 것

5. (반송파의 위상편이) 좌측신호와 우측신호의 합신호 및 차신호에 의한 반송파의 최대위상편이는 (±)0.785라디안 이내로 할 것

6. 종합왜율

가. 모노포닉방송을 행하는 송신장치 등은 100Hz에서 5,000Hz까지의 변조주파수에 따라 80% 변조를 한 때에 왜율의 변화가 5% 이내일 것

나. 스테레오포닉방송을 행하는 송신장치 등은 좌측신호와 우측신호에 100Hz에서 7,500Hz까지의 변조주파수에 따라 좌측신호와 우측신호의 변조도를 각각 40% 또는 합한 신호의 변조도를 80% 변조를 한 때에 왜율의 변화가 5% 이내일 것

7. 신호대 잡음비

가. 모노포닉방송을 행하는 송신장치 등은 변조주파수 1,000Hz로서 80%의 변조를 하는 경우에 50dB 이상일 것

나. 스테레오포닉방송을 행하는 송신장치 등은 변조주파수 1,000Hz로서 80%의 변조를 하는 경우에 좌측신호와 우측신호를 합한 신호에 대하여 50dB 이상이어야 하며 좌측신호와 우측신호를 각각 40%의 변조를 하는 경우에 42dB 이상일 것

8. 종합주파수 특성

가. 모노포닉방송을 행하는 송신장치 등은 변조주파수 1,000Hz에 의하여 100Hz에서 5,000Hz까지 50% 변조한 경우를 기준으로 하며 그 편차가 (±)2dB를 초과하지 아니할 것

나. 스테레오포닉방송을 행하는 송신장치 등의 특성은 변조주파수가 400Hz인 동일한 좌측신호와 우측신호의 합신호에 의해 50% 변조를 한 경우를 기준으로 하거나 변조주파수가 400Hz인 좌측신호 또는 우측신호에 의해 각각

40% 변조를 한 경우를 기준으로 할 때 100Hz에서 7,500Hz까지의 편차는 별표 8의 허용범위 이내일 것

9. (좌・우 출력 레벨차)스테레오포닉방송을 행하는 송신장치 등은 100Hz에서 7,500Hz까지의 변조주파수에서 좌측신호와 우측신호의 입력단자에 동일한 신호를 입력하여 40% 변조를 한 경우에 출력된 우측신호와 좌측신호와의 레벨차는 (±)1.5dB 이내일 것

10. (좌・우 신호 분리도) 스테레오포닉방송을 행하는 송신장치 등은 좌측신호와 우측신호 중 하나의 신호에 따라 40%의 변조를 한 경우에 입력단자에 가한 신호의 출력레벨과 그 입력단자에 가하지 않은 신호의 출력레벨과의 비는 100Hz에서 7,500Hz까지의 변조주파수에서 20dB 이상이어야 할 것

11. 반송파의 진폭변동률

가. 모노포닉방송을 행하는 경우에 변조주파수 1,000Hz로서 0%에서 95%까지 변조할 때, 반송파의 전류진폭의 변동률은 5% 이내일 것

나. 스테레오포닉방송을 행하는 경우에 1,000Hz의 변조주파수에 의한 동일 좌측신호와 우측신호를 합한 신호에 의하여 0%에서 95%까지 진폭변조할 때, 반송파의 전류진폭의 변동률은 5% 이내일 것

12. (전계강도) 송신공중선으로부터 1파장(1km를 표준으로) 이상 떨어진 전방에 장애물이 없는 공간의 지점에서 무지향성 공중선의 경우 45도마다 8지점, 지향성 공중선의 경우 30도마다 12지점에서 전계강도를 측정하여 값이 허용치 이상일 것

(1) 0.1kW 미만 $140\sqrt{P}$
(2) 0.1kW 이상 1kW 미만 $180\sqrt{P}$
(3) 1kW 이상 5kW 미만 $200\sqrt{P}$
(4) 5kW 이상 50kW 미만 $250\sqrt{P}$
(5) 50kW 이상 $300\sqrt{P}$
(6) P=공중선전력(kW)

13. (공중선의 지향특성) 송신공중선으로부터 1파장(1km를 표준으로) 이상 떨어진 전방에 장애물이 없는 공간의 지점에서 무지향성 공중선의 경우 30도마다 12지점, 지향성 공중선의 경우 15도마다 24지점에서 전계강도를 측정하였을 때 허가받은 수평지향특성일 것

② 중파(AM)방송용 채널은 〈표 4-1〉과 같다.

〈표 4-1〉 중파(AM)방송용 채널(무선설비규칙 제26조제2항 관련)

채널 번호	할당주파수 (kHz)	채널 번호	할당주파수 (kHz)	채널 번호	할당주파수 (kHz)	채널 번호	할당주파수 (kHz)
1	531	31	801	61	1071	91	1341
2	540	32	810	62	1080	92	1350
3	549	33	819	63	1089	93	1359
4	558	34	828	64	1098	94	1368
5	567	35	837	65	1107	95	1377
6	576	36	846	66	1116	96	1386
7	585	37	855	67	1125	97	1395
8	594	38	864	68	1134	98	1404
9	603	39	873	69	1143	99	1413
10	612	40	882	70	1152	100	1422
11	621	41	891	71	1161	101	1431
12	630	42	900	72	1170	102	1440
13	639	43	909	73	1179	103	1449
14	648	44	918	74	1188	104	1458
15	657	45	927	75	1197	105	1467
16	666	46	936	76	1206	106	1476
17	675	47	945	77	1215	107	1485(△)
28	684	48	954	78	1224	108	1494
19	693	49	963	79	1233	109	1503
20	702	50	972	80	1242	110	1512
21	711	51	981	81	1251	111	1521
22	720	52	990	82	1260	112	1530
23	729	53	999	83	1269	113	1539
24	738	54	1008	84	1278	114	1548
25	747	55	1017	85	1287	115	1557
26	756	56	1026	86	1296	116	1566
27	765	57	1035	87	1305	117	1575
28	774	58	1044	88	1314	118	1584(△)
29	783	59	1053	89	1323	119	1593
30	792	60	1062	90	1332	120	1602(△)

[주]

1. 할당주파수란의 (△)표는 Low Power Channel임.

* 기술기준근거 : 무선설비규칙 제26조

4.5 초단파(FM)방송용 통신시스템

① 초단파(FM)방송용 무선설비의 기술기준은 다음과 같다.

1. (변조도) 송신장치 등은 적어도 100%까지 직선적으로 변조할 수 있을 것
2. 변조방식

가. 모노포닉방송을 하는 경우 주파수변조방식으로 하고 주반송파는 음성신호로 변조할 것

나. 스테레오포닉방송을 하는 경우에는 모노포닉방송의 경우와 양립성을 갖도록 하기 위하여 주파수변조방식으로 할 것

(1) 주반송파는 주채널신호와 부채널신호 및 파이롯트 신호로써 변조할 것

(2) 부채널신호는 진폭변조방식으로 하고 변조 후 발생하는 부반송파를 억압하는 것으로 할 것

3. (변조주파수) 음성신호의 변조주파수는 15,000Hz 이내로 할 것
4. 파이롯트 신호

가. 파이롯트 주파수는 19kHz이고 허용편차는 (±)2Hz 이내일 것

나. 스테레오포닉방송을 하는 경우 파이롯트 신호에 의한 주파수편이는 제5호 가목에 규정하는 최대주파수편이의 8%에서 10% 범위 이내일 것

다. (파이롯트 신호와 부반송파의 위상오차) 스테레오포닉방송을 행하는 경우에 부반송파가 시간축과 정(+)의 경사로 교차하는 점과 파이롯트 신호가 그 시간축과 교차하는 점과의 위상오차는 (±)3도 이상을 벗어나지 아니하여야 하며, 또한 정(+)의 값의 다중신호는 주반송파의 정(+)의 주파수편이를 발생할 것

5. 최대주파수편이

가. 최대주파수편이는 (±)75kHz일 것

나. 스테레오포닉방송의 경우 좌측신호 또는 우측신호의 입력단자에 신호를 가하는 경우 주채널신호에 의한 주반송파의 주파수편이와 부채널신호에 의한 주반송파의 주파수편이는 동일한 것으로 하며 각각의 최대치는 제5호가목에서 규정한 최대주파수편이의 45%를 넘지 않도록 할 것

6. (종합왜율) 송신장치 등은 각각의 변조주파수에 대해 (±)75kHz의 주파수편이로 변조한 경우에 아래 표와 같을 것

변 조 주 파 수(Hz)	종 합 왜 율(%)
50부터 100	3.5 이내
100부터 7,500	2.5 이내
7,500부터 15,000	3.0 이내

7. (신호 대 잡음비) 1,000Hz의 변조주파수에 따라 최대주파수편이로 변조한 송신장치 등은 75μs의 시정수를 가진 임피던스 주파수특성의 회로에 따라 디엠파시스를 행한 경우에 60dB 이상일 것
8. (종합주파수특성) 송신장치 등은 75μs의 시정수를 가진 임피던스 주파수특성의 회로에 따라 프리엠파시스를 하여야 하며 〈표 4-2〉에 정한 특성곡선과 같을 것

〈표 4-2〉 **표준프리엠파시스 곡선**(무선설비규칙 제27조제1항제8호, 무선설비규칙 제30조제1항제9호나목 및 무선설비규칙 제30조제1항제10호마목 관련)

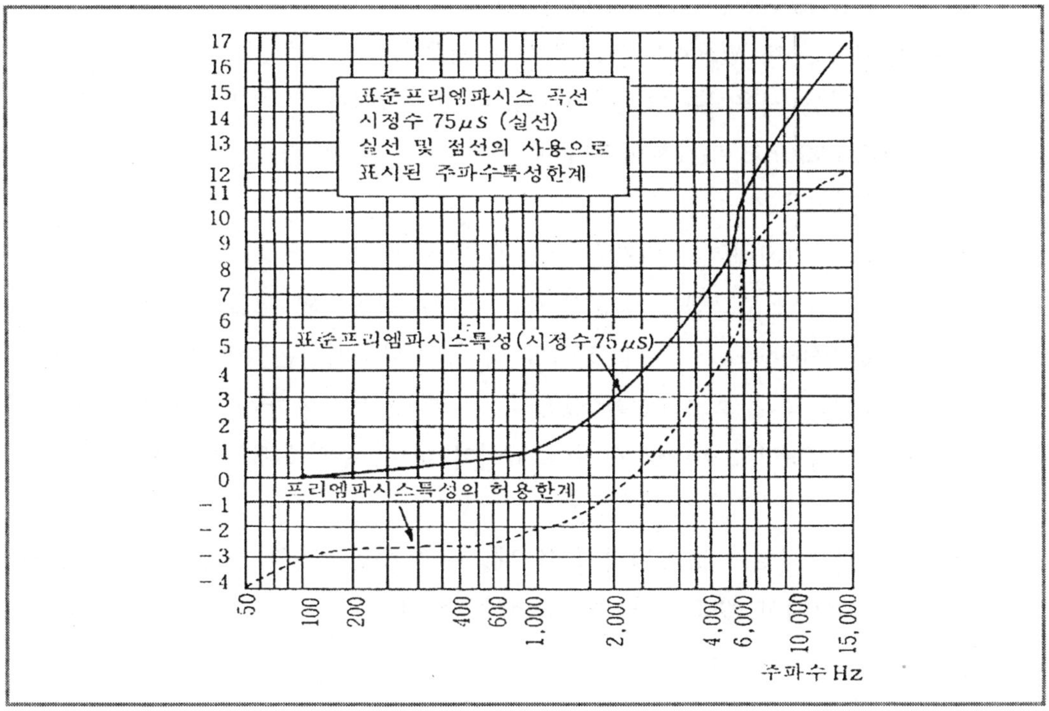

9. (좌 · 우 신호레벨차) 송신장치 등은 좌측신호 및 우측신호의 입력단자에 동일한 신호를 가한 경우에 해당 장치의 출력단자에서 디엠파시스를 행한 좌측신호와 우측신호와의 레벨차는 50Hz에서 15,000Hz까지의 주파수에서 (±)1.5dB 이내일 것

10. (좌 · 우 신호분리도) 스테레오포닉방송을 행하는 송신장치 등은 좌측신호와 우측신호 중 하나의 신호에 따라 주반송파에 (±)75kHz의 주파수편이로 변조한 경우에 입력단자에 가한 신호의 출력레벨과 그 입력단자에 가하지 않은 신호의 출력레벨과의 비는 50Hz에서 15,000Hz까지의 주파수에서 30dB 이상일 것

11. (잔류진폭변조잡음) 송신장치 등의 잔류진폭변조잡음(변조가 없을 때 반송파에 포함되는 진폭변조잡음을 말한다)은 1,000Hz의 변조주파수에 따라 주반송파에 100%로 주파수변조를 한 경우의 출력레벨과 입력을 가하지 않은 경우의 직선검파한 출력레벨과의 비가 50dB 이상일 것

12. 스테레오포닉방송을 행하는 경우에 부반송파의 잔류분에 의한 주반송파의 편이는 제5호가목에 규정하는 최대주파수편이의 1%를 넘지 아니할 것

13. (편파면) 송신공중선은 그 발사전파의 편파면이 원형일 것. 다만, 방송통신위원회가 특히 필요하다고 인정하는 경우에는 그러하지 아니한다.

14. 부반송파를 사용하는 초단파(FM)방송 부가서비스의 조건

가. 초단파(FM)방송 부가서비스의 부반송파에는 어떤 형태의 변조방식도 사용할 수 있을 것

나. 부반송파 기저대역은 다음의 조건에 만족할 것

(1) 모노포닉 프로그램을 방송할 때, 다중 부반송파와 그들의 우세 측파대는 20kHz에서 99kHz 사이에 있어야 하며, 주파수배열은 〈표 4-3〉과 같을 것

(2) 스테레오포닉 프로그램을 방송할 때, 다중 부반송파와 그들의 우세 측파대는 53kHz에서 99kHz 사이에 있어야 하며, 주파수배열은 〈표 4-4〉와 같을 것

(3) 방송프로그램이 방송되지 않을 때, 다중 부반송파와 그들의 우세 측파대는 20kHz에서 99kHz 사이에 있어야 할 것

〈표 4-3〉 부반송파 신호를 포함한 초단파(FM) 모노포닉방송의 주파수배열
(무선설비규칙 제27조제1항제14호나목 및 제1항제15호가목 관련)

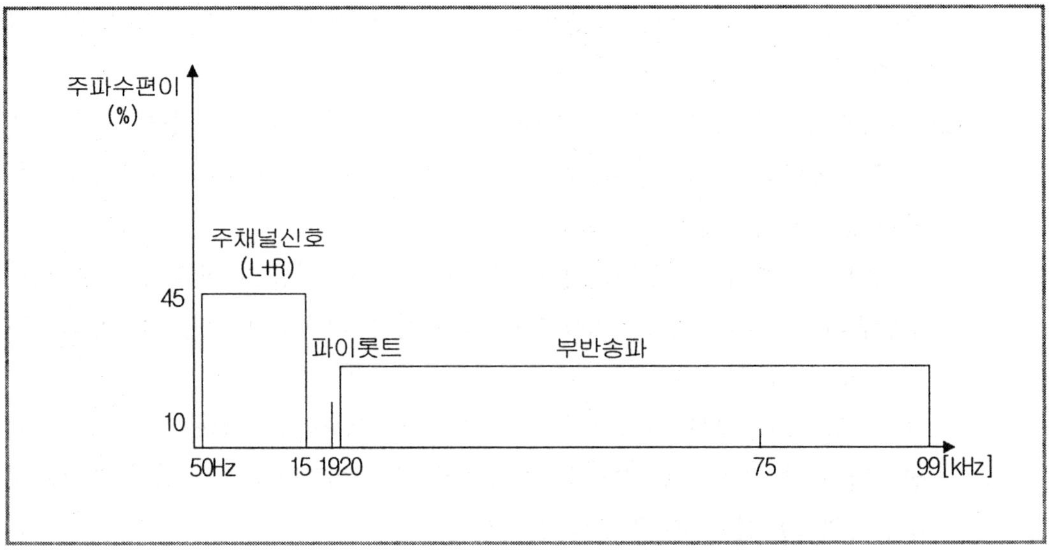

〈표 4-4〉 부반송파 신호를 포함한 초단파(FM) 스테레오포닉방송의 주파수배열
(무선설비규칙 제27조제1항제14호나목 및 제1항제15호가나목 관련)

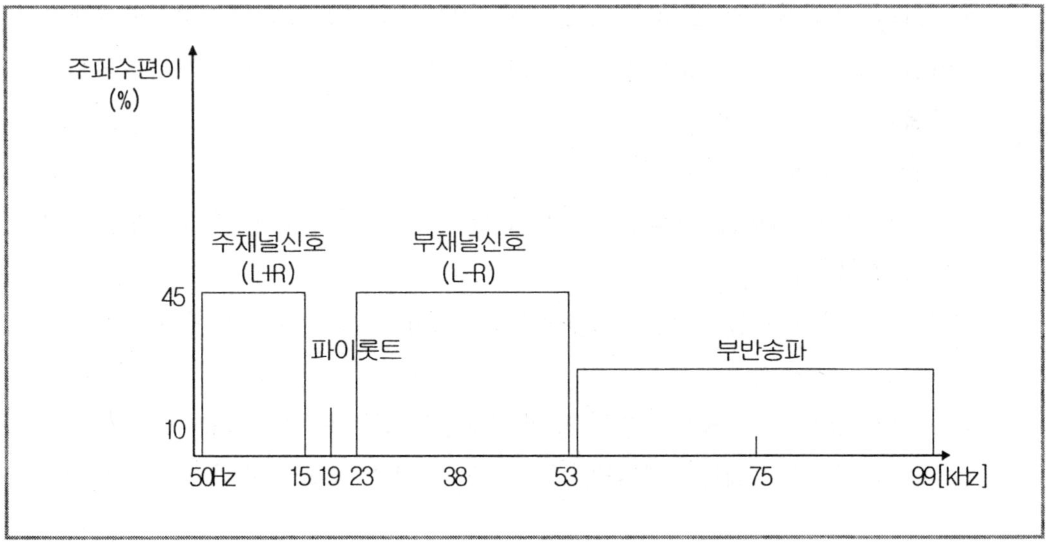

다. 부반송파 주파수편이

(1) 모노포닉 프로그램을 방송할 때, 모든 부반송파들의 산술적 합에 의한 주반송파의 주파수편이는 (±)75kHz로 규정한 최대주파수편이의 20%를 넘지 않도록 할 것

(2) 스테레오포닉 프로그램을 방송할 때, 모든 부반송파들의 산술적 합에 의한 주반송파의 주파수편이는 (±)75kHz로 규정한 최대주파수편이의 20%를 넘지 않도록 할 것

(3) 방송프로그램이 방송되지 않을 때, 모든 부반송파들의 산술적 합에 의한 주반송파의 주파수편이는 (±)75kHz로 규정한 최대주파수편이의 20%를 넘지 않도록 할 것

(4) (1), (2), (3)항에서 기저대역 75kHz에서 99kHz까지의 모든 부반송파들의 산술적 합에 의한 주반송파의 주파수편이는 (±)75kHz로 규정한 최대주파수편이의 10%를 넘지 않도록 할 것

(5) 다중 부반송파에 의하여 부가서비스를 방송할 경우에 모든 반송파의 산술적 합에 의한 주반송파의 주파수편이는 (±)75kHz로 규정한 최대주파수편이의 110%를 넘지 않도록 할 것

라. 다중 부반송파에 의한 스퓨리어스발사는 억제되어야만 하고, 동일채널 및 인접채널의 초단파(FM)방송 또는 다른 초단파(FM)방송 부가서비스에 유해한 간섭을 일으키지 않아야 할 것

15. 방송 주파수배열

가. 부반송파 신호를 포함한 초단파(FM) 모노포닉방송의 주파수배열은 별표 11과 같을 것

나. 부반송파 신호를 포함한 초단파(FM) 스테레오포닉방송의 주파수배열은 별표 12와 같을 것

다. 초단파(FM) 모노포닉방송의 주파수배열은 〈표 4-5〉와 같을 것

라. 초단파(FM) 스테레오포닉방송의 주파수배열은 〈표 4-6〉과 같을 것

〈표 4-5〉 초단파(FM) 모노포닉방송의 주파수배열(제27조제1항제15호다목 관련)

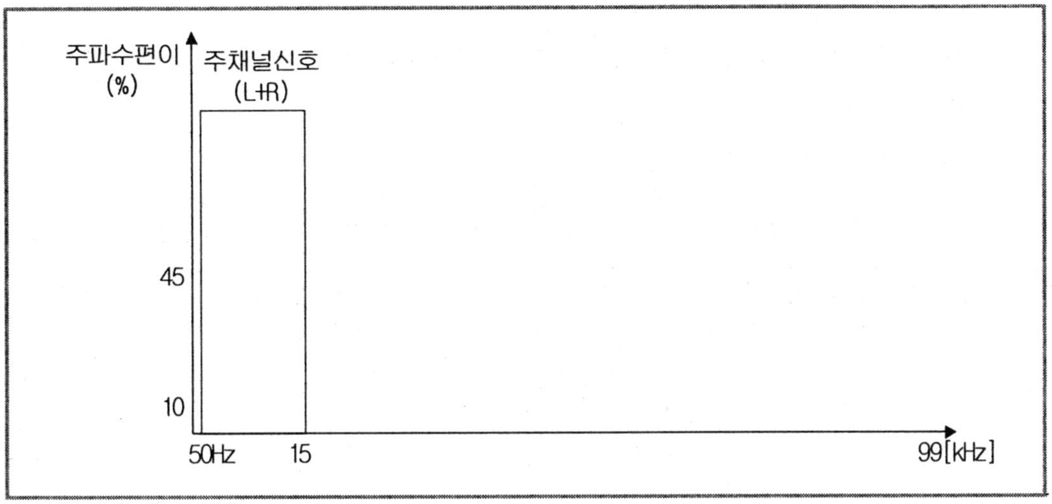

〈표 4-6〉 초단파(FM) 스테레오포닉방송의 주파수배열
(무선설비규칙 제27조제1항제15호라목 관련)

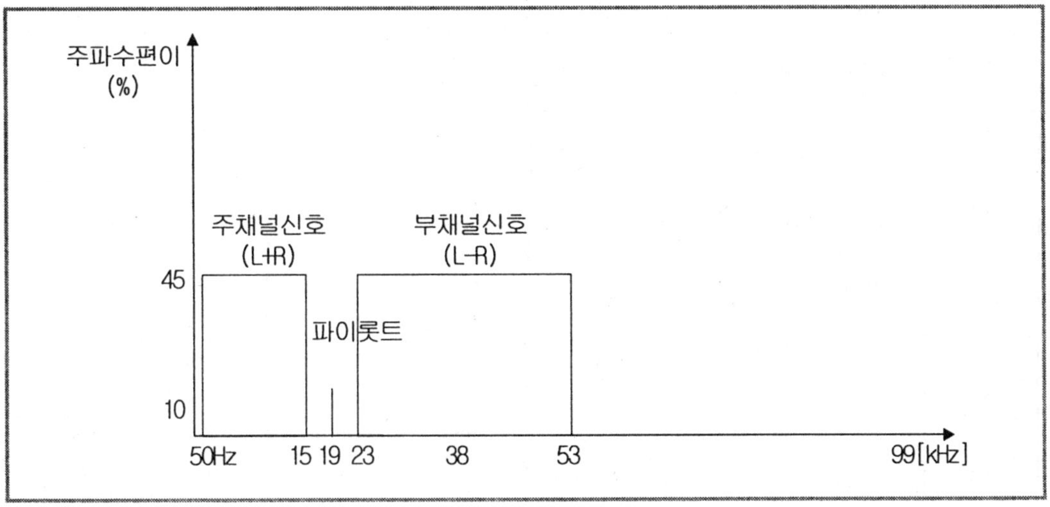

16. (실효복사전력 또는 전계강도) 송신공중선으로부터 100m 이상 떨어진 전방에 장애물이 없는 공간의 지점에서 무지향성 공중선의 경우 45도마다 8지점, 지향성 공중선의 경우 15도마다 24지점에서 전계강도를 측정하여 산출한 실효복사전력이 허용치 이내일 것

17. (공중선의 지향특성) 송신공중선으로부터 100m 이상 떨어진 전방에 장애물이 없는 공간의 지점에서 무지향성 공중선의 경우 30도마다 12지점, 지향성 공중선의 경우 15도마다 24지점에서 전계강도를 측정한 후 허가받은 지향특성일 것

② 초단파(FM)방송용 채널은 〈표 4-7〉과 같다.

〈표 4-7〉 초단파(FM)방송용 채널(무선설비규칙 제27조제2항 관련)

채 널 번 호	할당주파수 (MHz)	채 널 번 호	할당주파수 (MHz)	채 널 번 호	할당주파수 (MHz)	채 널 번 호	할당주파수 (MHz)
1	88.1	26	93.1	51	98.1	76	103.1
2	88.3	27	93.3	52	98.3	77	103.3
3	88.5	28	93.5	53	98.5	78	103.5
4	88.7	29	93.7	54	98.7	79	103.7
5	88.9	30	93.9	55	98.9	80	103.9
6	89.1	31	94.1	56	99.1	81	104.1
7	89.3	32	94.3	57	99.3	82	104.3
8	89.5	33	94.5	58	99.5	83	104.5
9	89.7	34	94.7	59	99.7	84	104.7
10	89.9	35	94.9	60	99.9	85	104.9
11	90.1	36	95.1	61	100.1	86	105.1
12	90.3	37	95.3	62	100.3	87	105.3
13	90.5	38	95.5	63	100.5	88	105.5
14	90.7	39	95.7	64	100.7	89	105.7
15	90.9	40	95.9	65	100.9	90	105.9
16	91.1	41	96.1	66	101.1	91	106.1
17	91.3	42	96.3	67	101.3	92	106.3
18	91.5	43	96.5	68	101.5	93	106.5
19	91.7	44	96.7	69	101.7	94	106.7
20	91.9	45	96.9	70	101.9	95	106.9
21	92.1	46	97.1	71	102.1	96	107.1
22	92.3	47	97.3	72	102.3	97	107.3
23	92.5	48	97.5	73	102.5	98	107.5
24	92.7	49	97.7	74	102.7	99	107.7
25	92.9	50	97.9	75	102.9	100	107.9

* 기술기준근거 : 무선설비규칙 제27조

4.6 지상파 디지털멀티미디어방송용 통신시스템

① 지상파 디지털멀티미디어방송용 무선설비의 기술기준은 다음과 같다.

1. 방송신호는 오디오서비스 신호, 비디오서비스 신호 또는 데이터서비스 신호로 구성될 것

2. 오디오서비스 신호의 형식

가. 오디오 신호의 부호화

(1) 오디오 신호의 대역은 20,300Hz 이하로 할 것

(2) 오디오 신호의 표본화 주파수는 최대 48,000Hz로 할 것

(3) 오디오 신호의 표본당 비트 수는 최대 24 이하일 것

나. 부호화 형식 및 조건은 다음과 같을 것

(1) 오디오 압축 부호화 형식이 ISO/IEC 11172-3(MPEG-1 Audio Layer II) 또는 ISO/IEC 13818-3(MPEG-2 Audio Layer II)를 따르는 경우

(가) 오디오서비스의 최대비트율은 912kbps로 할 것

(나) 오디오 부호화기로부터 출력되는 신호의 최소비트율은 112kbps로 할 것

(다) 보조 데이터 신호는 "지상파 디지털멀티미디어방송 송수신 정합 표준" 및 "지상파 디지털멀티미디어방송 데이터 송수신 정합 표준"에서 규정하는 형식을 따를 것

(2) 오디오 압축 부호화 형식이 ISO/IEC 14496-3(MPEG-4 BSAC Audio) 방식을 따르는 경우

(가) 오디오서비스의 최대비트율은 256kbps로 할 것

(나) 오디오 부호화기로부터 출력되는 신호의 최소비트율은 64kbps로 할 것

(다) 보조 영상 및 보조 데이터 신호의 비트율은 전체 비트율의 40% 이하일 것

(라) 보조 영상 및 보조 데이터 신호는 "지상파 디지털멀티미디어 방송 송수신 정합 표준" 및 "지상파 디지털멀티미디어방송 비디오 송수신 정합 표

준"에서 규정하는 형식을 따를 것. 단, 보조 영상신호는 초당 1프레임 이하일 것

3. 비디오서비스 신호의 형식

가. 비디오 신호 및 비디오에 따른 음성·음향 신호는 "지상파 디지털멀티미디어방송 비디오 송수신 정합 표준"에서 규정하는 형식을 따를 것

나. 비디오 보조 데이터 신호는 "지상파 디지털멀티미디어방송 비디오 송수신 정합 표준"에서 규정하는 형식을 따를 것

4. 데이터서비스 신호의 형식

가. 데이터서비스 신호는 "지상파 디지털멀티미디어방송 데이터 송수신 정합 표준"에서 규정하는 형식을 따를 것

5. 다중화는 다음 조건에 적합할 것

가. 오디오서비스 신호, 비디오서비스 신호, 데이터서비스 신호 및 시스템 정보를 하나의 전송스트림으로 다중화할 것

나. 다중화 형식은 "지상파 디지털멀티미디어방송 송수신 정합 표준"에서 규정하는 형식을 따를 것

6. 제한수신

가. 서비스 컴포넌트 단위로 제한수신 기능을 부가할 수 있을 것

7. 오류정정 및 분산

가. 오류정정방식은 길쌈부호를 적용하며, 부호화율을 가변할 수 있을 것

나. 오류분산방법은 시간 인터리빙(Time Interleaving) 및 주파수 인터리빙(Frequency Interleaving)을 적용하고, "고속정보채널(Fast Information Channel)"에는 주파수 인터리빙만을 적용할 것

8. 변조 및 송신조건은 다음을 만족할 것

가. 변조된 신호의 주파수대역폭은 1.536MHz로 할 것

나. 발사전파의 형식은 G7W일 것

다. 변조는 $\pi/4$-DQPSK 방식이고, 전송은 OFDM 방식으로 할 것

라. 유효 전송속도는 0.8Mbps 이상 1.7Mbps 이하로 할 것

마. 전송 프레임의 형식은 "지상파 디지털멀티미디어방송 송수신 정합 표준"에서 규정하는 방식을 따를 것

바. 송신장치의 기술적 조건

(1) 대역외 발사강도는 다음 조건을 만족할 것

(가) 〈표 4-8〉과 같이 4kHz의 분해대역폭(RBW)으로 측정한 경우에 중심주파수로부터 ±0.77MHz에서 −26dB 이하이고, 중심주파수로부터 ±0.97MHz에서 −71dB 이하이며, 중심주파수로부터 ±1.75MHz에서 −106dB 이하일 것. 다만 방송통신위원회가 필요하다고 인정하는 경우 〈표 4-9〉와 같다.

〈표 4-8〉 대역외발사강도의 허용범위(1)

(제29조제1항제8호바목 관련)

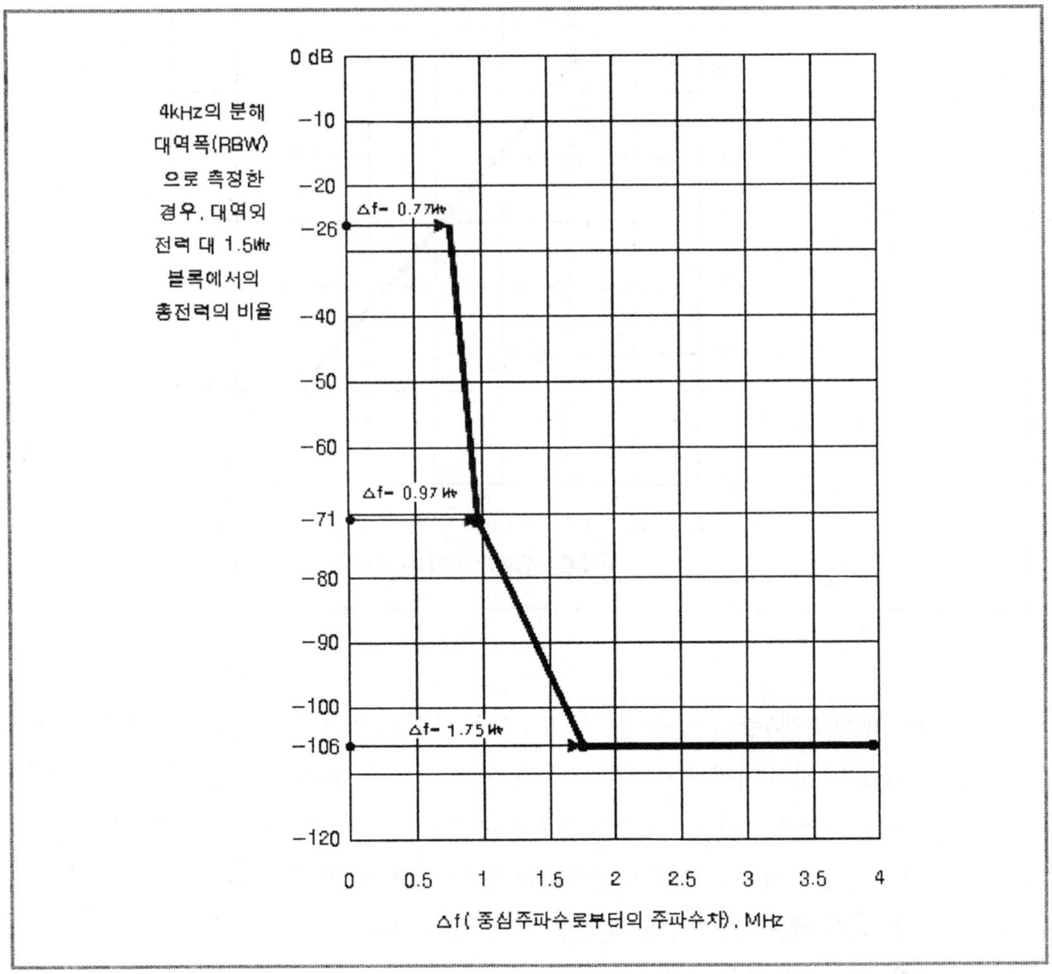

〈표 4-9〉 대역외발사강도의 허용범위(2)

(무선설비규칙 제29조제1항제8호바목 관련)

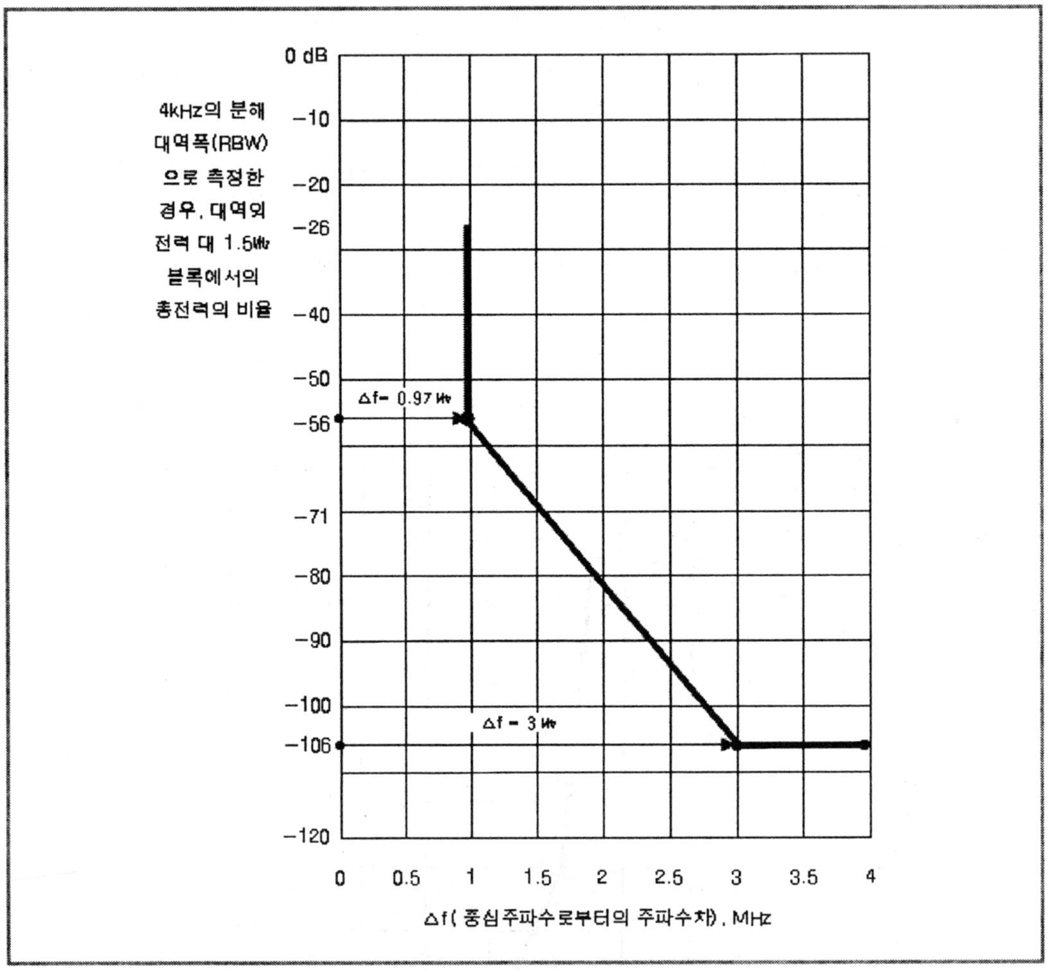

(나) 제98조제6항의 중계용 특정소출력무선기기인 경우, 〈표 4-10〉과 같이 4kHz의 분해대역폭(RBW)으로 측정한 경우에 중심주파수로부터 ±0.77MHz에서 −26dB 이하이고, 중심주파수로부터 ±0.97MHz에서 −56dB 이하이며, 중심주파수로부터 ±1.75MHz에서 −73dB 이하일 것. 다만, 〈표 4-11〉과 같이 연속한 3개의 채널을 수용한 6MHz 통합 중계용 특정소출력무선기기인 경우에는 〈표 4-12〉와 같다.

〈표 4-10〉 대역외발사강도의 허용범위(3)
(무선설비규칙 제29조제1항제8호바목 관련)

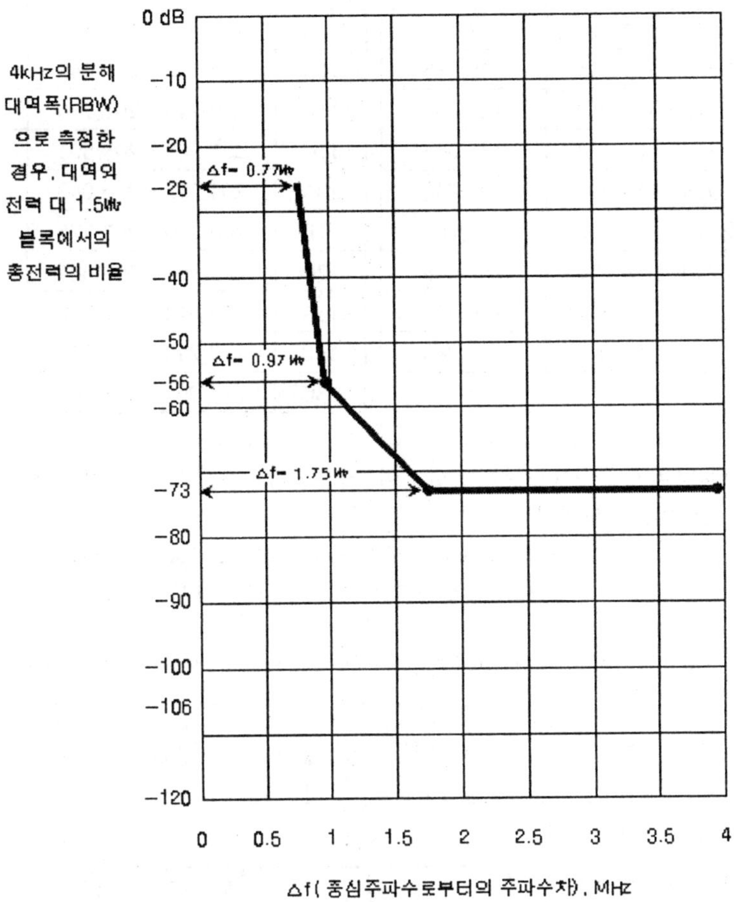

〈표 4-11〉 지상파 디지털멀티미디어방송(DMB)용 채널(무선설비규칙 제29조제2항 관련)

채널번호	주파수대(MHz)	할당주파수(MHz)
7A	174.512～176.048	175.280
7B	176.240～177.776	177.008
7C	177.968～179.504	178.736
8A	180.512～182.048	181.280
8B	182.240～183.776	183.008
8C	183.968～185.504	184.736
9A	186.512～188.048	187.280
9B	188.240～189.776	189.008
9C	189.968～191.504	190.736
10A	192.512～194.048	193.280

채널번호	주파수대(MHz)	할당주파수(MHz)
10B	194.240～195.776	195.008
10C	195.968～197.504	196.736
11A	198.512～200.048	199.280
11B	200.240～201.776	201.008
11C	201.968～203.504	202.736
12A	204.512～206.048	205.280
12B	206.240～207.776	207.008
12C	207.968～209.504	208.736
13A	210.512～212.048	211.280
13B	212.240～213.776	213.008
13C	213.968～215.504	214.736

[주]

채널명은 채널번호에 서비스를 조합하여 사용한다. 서비스가 여러 개인 경우 서비스 뒤에 숫자를 일련하여 붙인다.

예) 비디오 1개, 오디오 2개, 데이터 1개 : 7A-V1, 7A-A1, 7A-A2, 7A-D1

※ 서비스 : 비디오서비스(V), 오디오서비스(A), 데이터서비스(D)

〈표 4-12〉 대역외발사강도의 허용범위(4)(무선설비규칙 제29조제1항제8호바목 관련)

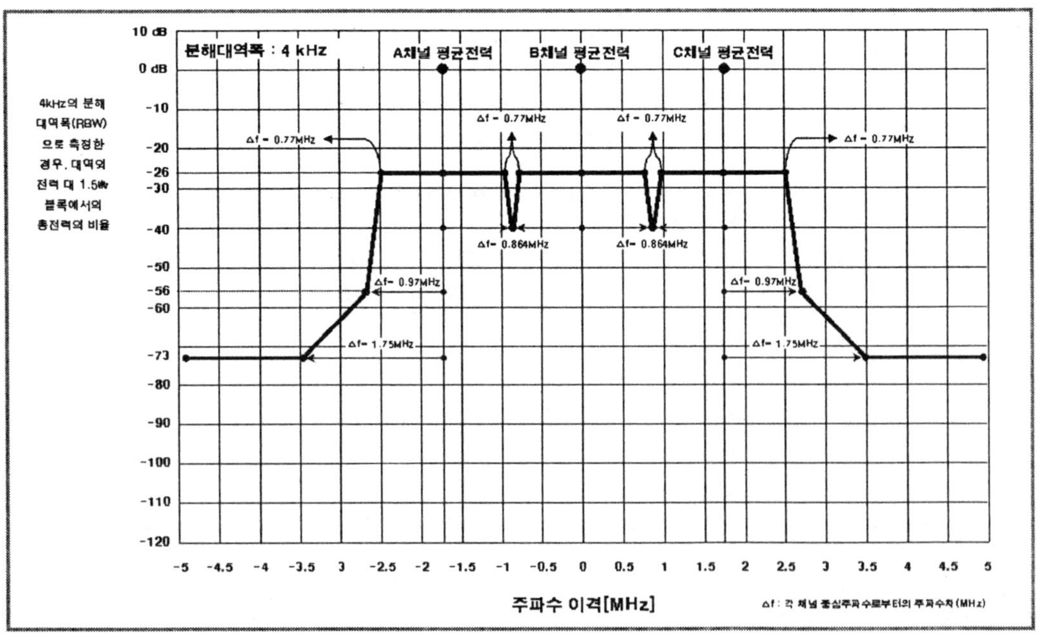

1) A채널의 중심주파수로부터 −1.75MHz에서 −73dB 이하이고, 중심주파수로부터 −0.97MHz에서 −56dB 이하이며, ±0.77MHz에서 −26dB 이하이고, 중심주파수로부터 +0.864MHz에서 −40dB 이하일 것
2) B채널의 중심주파수로부터 ±0.77MHz에서 −26dB 이하이고, 중심주파수로부터 ±0.864MHz에서 −40dB 이하일 것
3) C채널의 중심주파수로부터 −0.864MHz에서 −40dB 이하이고, 중심주파수로부터 ±0.77MHz에서 −26dB 이하이며, 중심주파수로부터 +0.97MHz에서 −56dB 이하이고, 중심주파수로부터 +1.75MHz에서 −73dB 이하일 것

(2) 첨두전력 레벨은 평균전력 레벨의 13dB 이상을 초과하지 않을 것
(3) 신호대 잡음비는 길쌈부호율 0.5일 때 〈표 4-13〉을 기준으로 편차가 1dB 이내일 것

〈표 4-13〉 신호대 잡음비(무선설비규칙 제29조제1항 제8호 바목 관련)

BER	C/N
$1*10^{-2}$	5.0 dB
$3*10^{-3}$	5.4 dB
$1*10^{-3}$	5.8 dB
$3*10^{-4}$	6.2 dB
$1*10^{-4}$	6.6 dB
$3*10^{-5}$	6.9 dB
$1*10^{-5}$	7.2 dB
$3*10^{-6}$	7.5 dB
$1*10^{-6}$	7.8 dB

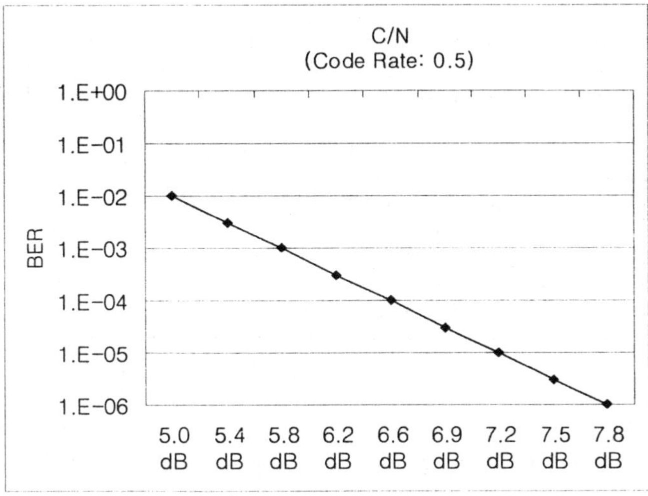

(4) 반송파의 주파수허용편차는 중심주파수로부터 ±10Hz 이내일 것. 다만, 다중주파수망(MFN)일 경우 ±100Hz 이내
(5) 공중선전력의 허용편차는 상한 12%, 하한 11%로 할 것
(6) 주파수응답특성은 전송대역폭 내에서 ±1dB 이내일 것

9. (편파면) 송신공중선은 그 발사전파의 편파면이 수직일 것. 다만, 방송통신

위원회가 필요하다고 인정하는 경우에는 그러하지 아니한다.

10. 실효복사전력 또는 전계강도는 제31조제1항제13호에 따른다.

11. 공중선의 지향특성은 제30조제1항제17호에 따른다.

② 지상파 디지털멀티미디어방송(DMB)용 채널은 <표 4-14>와 같다.

〈표 4-14〉 지상파 디지털멀티미디어방송(DMB)용 채널
(무선설비규칙 제29조제2항 관련)

채널번호	주파수대(MHz)	할당주파수(MHz)
7A	174.512～176.048	175.280
7B	176.240～177.776	177.008
7C	177.968～179.504	178.736
8A	180.512～182.048	181.280
8B	182.240～183.776	183.008
8C	183.968～185.504	184.736
9A	186.512～188.048	187.280
9B	188.240～189.776	189.008
9C	189.968～191.504	190.736
10A	192.512～194.048	193.280

채널번호	주파수대(MHz)	할당주파수(MHz)
10B	194.240～195.776	195.008
10C	195.968～197.504	196.736
11A	198.512～200.048	199.280
11B	200.240～201.776	201.008
11C	201.968～203.504	202.736
12A	204.512～206.048	205.280
12B	206.240～207.776	207.008
12C	207.968～209.504	208.736
13A	210.512～212.048	211.280
13B	212.240～213.776	213.008
13C	213.968～215.504	214.736

[주]

채널명은 채널번호에 서비스를 조합하여 사용한다.
서비스가 여러 개인 경우 서비스 뒤에 숫자를 일련하여 붙인다.
예) 비디오 1개, 오디오 2개, 데이터 1개 : 7A-V1, 7A-A1, 7A-A2, 7A-D1
※ 서비스 : 비디오서비스(V), 오디오서비스(A), 데이터서비스(D)

＊ 기술기준근거 : 무선설비규칙 제29조

4.7 지상파 아날로그 텔레비전방송용 통신시스템

① 지상파 아날로그 텔레비전방송용 무선설비의 기술기준은 다음과 같다.

1. 변조

가. 영상신호 및 동기신호는 영상신호 반송파를 진폭변조하는 것으로 할 것

나. 영상신호의 변조는 피사체의 휘도가 증가할 때 복사전력이 감소하는 방식으로 할 것

다. 가호에 따라 진폭변조되어 송신설비로부터 복사되는 영상전파는 〈표 4-15〉의 잔류측파대 특성을 가지는 것이어야 할 것

〈표 4-15〉 영상전파의 잔류측파대 특성

(무선설비규칙 제30조제1항제1호다목 관련)

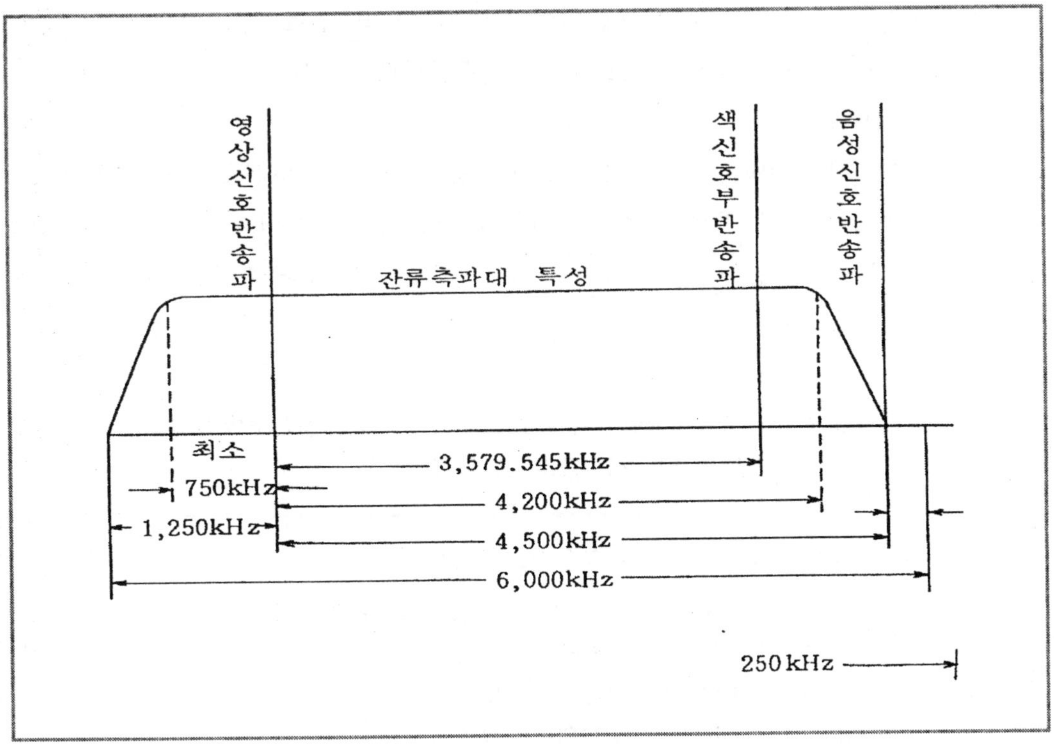

라. 음성신호 반송파는 음성신호에 따라 주파수변조할 것

마. 영상신호의 변조도는 87.5% 이내일 것

2. 반송주파수

가. 영상신호 반송파의 주파수는 6,000kHz의 주파수대폭의 하한으로부터 1,250kHz 높은 주파수로 할 것

나. 음성신호 반송파의 주파수는 영상신호 반송파의 주파수로부터 4,500kHz 높은 주파수로 하며 허용편차는 (±)1,000Hz 이내일 것

다. 컬러텔레비전방송을 행하는 경우에 색신호(피사체의 색상 및 채도를 나타내는 신호를 말한다. 이하 같다) 부반송파의 주파수는 3,579.545kHz로 할 것. 이 경우에 허용편차는 (±)10Hz 이내이어야 하고 매초 (±)0.1Hz를 초과하지 않을 것

3. 주사

가. 하나의 영상 주사선수는 525줄로 하고, 1줄씩 비월주사하는 것으로 할 것

나. 영상화면의 가로와 세로의 비는 4 : 3으로 할 것

다. 영상의 주사는 수평방향에 있어서는 좌로부터 우로, 수직방향에 있어서는 위로부터 아래로 일정한 속도로 행하는 것으로 할 것

4. 영상신호

가. 컬러텔레비전방송을 행하는 경우에 영상신호는 휘도신호(피사체의 휘도를 표시하는 신호를 말한다. 이하 같다)와 색신호로 구성되며 〈표 4-16〉의 방정식(수상기에 동등 이상의 효과를 주는 것을 포함한다)에 적합한 것으로 할 것

〈표 4-16〉 컬러텔레비전방송을 하는 경우의 영상신호방정식
(무선설비규칙 제30조제1항제4호가목 관련)

컬러텔레비전방송을 하는 경우의 영상신호방정식
EM = EY' + {EQ' + sin(ωt + 330) + EI' cos(ωt + 330) } EQ' = 0.41 (EB' − EY') + 0.48(ER' − EY') EI' = −0.27(EB' − EY') + 0.74(ER' − EY') EY' = 0.30ER' + 0.59EG' + 0.11EB'

[주]

1. EM은 영상신호 전압
2. EY'는 휘도신호 전압
3. { }는 색신호 전압
4. ER', EG', EB'는 각각 화소를 주사하였을 때 발생하는 적색, 녹색 및 청색의 각 신호 전압을 "감마" 보정한(수상관의 적색, 녹색 및 청색에 대한 휘도는 "그리드"에 인가되는 각각의 신호 전압의 "감마"승에 비례하므로 피사체의 휘도가 정확히 재현되도록 송신측에서 각각의 신호전압 ER, EG 및 EB를 각각의 치의 "감마" 분지 1승으로 조정하는 것을 말한다) 전압이며 CIE 표색계(국제조명위원회에서 재정한 평면 좌표에 의한 색채의 정략적 표시방법을 말한다)에서 다음에 게재하는 X 및 Y의 치를 갖는 적색, 녹색 및 청색을 3원색으로 하고 "감마"의 치를 2.2로 하는 수상관에 적합한 것으로 본다.

구 분	X	Y
적 색	0.67	0.33
녹 색	0.21	0.71
청 색	0.14	0.08

5. 색신호 전압은 제4항에 규정한 바에 적합하여야 하며 백색의 피사체에 대하여도 영이 되어야 한다.
6. ω는 색신호 부반송파 주파수의 2π배로 한다.
7. sin(ωt + 00)의 위상은 "컬러버스트"의 위상에 대하여 180도로 한다.
8. EQ' 및 EI'는 다음에 게시하는 주파수특성에 따라 대역 제한을 받는 것으로 한다.

   EQ' 경우 400kHz에서 2dB 미만의 감쇄
   500kHz에서 6dB 미만의 감쇄
   600kHz에서 6dB 이상의 감쇄

   EI' 경우 1,300kHz에서 2dB 미만의 감쇄
   3,600kHz에서 20dB 이상의 감쇄

나. 페데스탈레벨은 반송파 최고레벨의 75%이어야 하며 허용편차는 (±)2.5% 이내일 것

다. 백레벨은 반송파 최고레벨의 12.5%이어야 하며 허용편차는 (±)2.5% 이내일 것

라. 흑레벨은 페데스탈레벨로부터 페데스탈레벨과 백레벨과의 차이에 대해 7.5%이어야 하며 허용편차는 (±)2.5% 이내일 것

마. 연속한 2필드를 보내는 동안에 동기신호 첨두치 변동이 평균치에 대하여 가능한 한 (±)2.5% 이내일 것

바. 색신호의 진폭은 (±)15% 이내이고, 색신호의 위상은 (±)8도 이내로 유지하여야 할 것

5. 동기신호

가. 동기신호는 수직동기펄스, 수평동기펄스, 등화펄스 및 컬러버스트로 구성되며 컬러텔레비전방송을 행하는 경우에는 〈표 4-17〉의 제1항 및 제2항의 기준을 따른다. 다만, 수상기에 동등 이상의 효과를 주는 경우에는 그러하지 아니할 수 있다.

〈표 4-17〉 컬러텔레비전방송에 관한 동기신호 파형
(무선설비규칙 제30조제1항제5호가목 관련)

1. 최초의「필드」

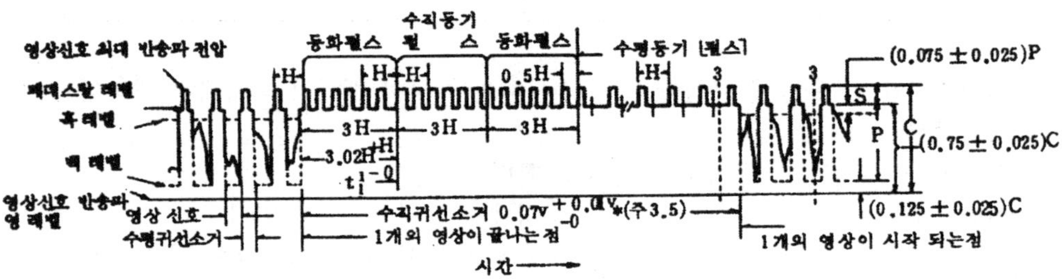

2. 다음의「필드」

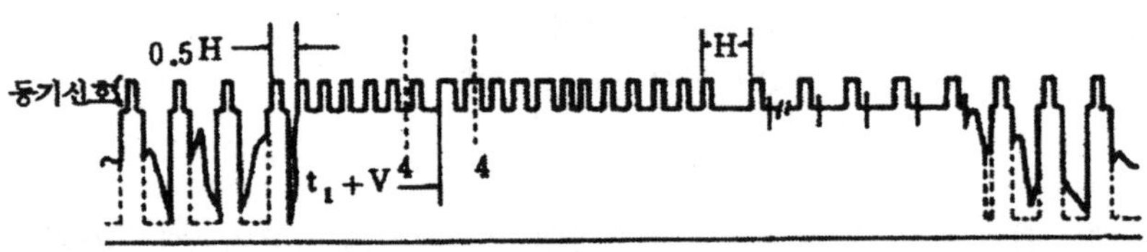

3. 1의 3-3의 상세도

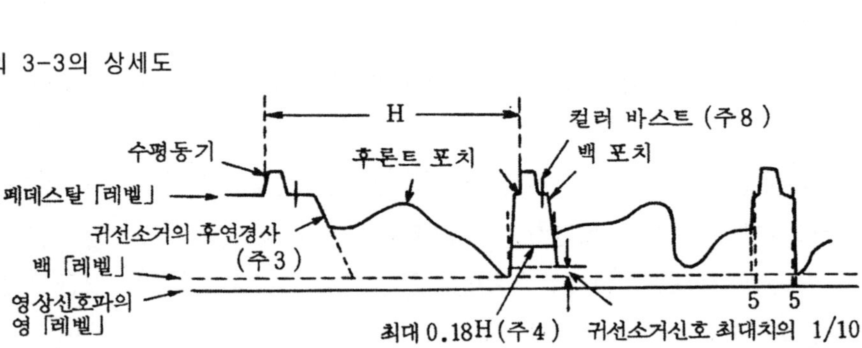

4. 2의 4-4의 상세도

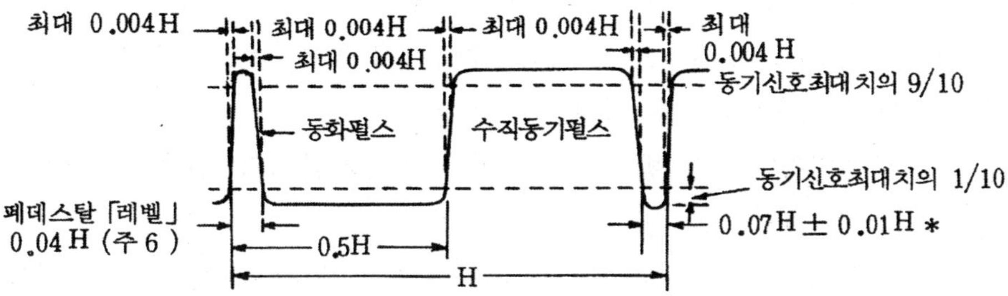

5. 3의 5-5의 상세도

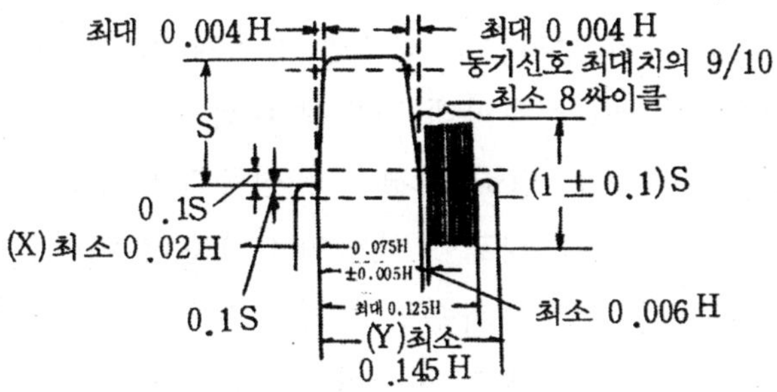

[주]

1. H : 1개의 주사선의 처음으로부터 다음 주사선의 처음까지의 시간
2. V : 1개의 필드의 처음으로부터 다음 필드의 처음까지의 시간
3. 수직귀선소거의 전연과 후연은 0.1H 이내에 완성되어야 한다.
4. 수평귀선소거의 후연은 어떤 화면에 있어서도 최소치(X+Y)와 최대치(Z)를 유지하기에 충분할 정도로 그 경사가 급하여야 한다.
5. *표의 값은 장시간의 변동에 대한 허용치로서 계속적인 사이클에 대한 값은 아니다.
6. 등화펄스의 면적은 수평동기 펄스의 면적의 0.45부터 0.5 사이에 있어야 한다.
7. 컬러버스트는 각 수평동기 펄스의 뒤에 계속해서 전송되어야 하며, 등화펄스 및 수직동기펄스의 뒤에 전송되어서는 아니 된다.
8. 표에 나타난 컬러버스트의 수치는 컬러버스트의 시작하는 시간과 끝나는 시간을 정하는 것으로서 그 위상을 정하는 것은 아니다.
9. P : 영상의 위도 신호의 페데스탈레벨에서 최대편이를 표시하고 색신호는 표시하지 아니한다.

   S : 페데스탈레벨에서의 동기신호 진폭을 표시한다.

   C : 영상신호 반송파의 최대진폭을 표시한다. ◎

나. 동기신호는 전원 주파수에 대하여 비동기로 할 것

다. 컬러텔레비전방송을 행하는 경우에 수평동기펄스의 주파수는 색신호 부반송파 주파수의 2/455로 한다. 다만, 수상기에 동등 이상의 효과를 주는 경우에는 그러하지 아니할 수 있다.

라. 컬러텔레비전방송을 행하는 경우에 수직동기펄스의 주파수는 수평동기펄스의 주파수의 2/525로 할 것

마. 컬러버스트의 주파수는 색신호 부반송파의 주파수와 동일한 정현파로 할 것

6. 영상 송신장치

가. 색신호 부반송파의 주파수로 변조한 경우에 하측파대 강도는 200kHz의 주파수로 변조한 경우의 하측파대 강도에 대하여 (−)42dB 이하일 것

나. 4,750kHz의 주파수로 변조한 경우의 상측파대 강도는 200kHz의 주파수로 변조한 경우의 상측파대 강도에 대하여 (−)20dB 이하일 것

다. 1,250kHz 이상의 단일 주파수로서 변조한 경우의 하측파대 강도는 200kHz의 주파수로서 변조한 경우의 하측파대 강도에 비하여 (−)20dB 이하일 것

라. 색신호 부반송파의 주파수의 변조한 출력은 200kHz의 주파수로 변조한 경우의 출력에 대하여 6(±)2dB 이내이고, 2,100kHz에서 4,180kHz까지의 변조주파수 출력은 (±)2dB 초과하는 변동이 있어서는 아니 될 것

마. 영상송신장치에 있어서 잔류측파대 여파기 후단의 공중선전송로에서 직선검파하여 측정한 송신기의 종합감쇠 특성은 아래의 이상적 특성곡선으로부터 다음 값의 범위 내이어야 할 것

(1) 500kHz에서는 −2dB

(2) 1,250kHz에서는 −2dB

(3) 2,000kHz에서는 −3dB

(4) 3,000kHz에서는 −4dB

(5) 4,000kHz에서는 −6dB

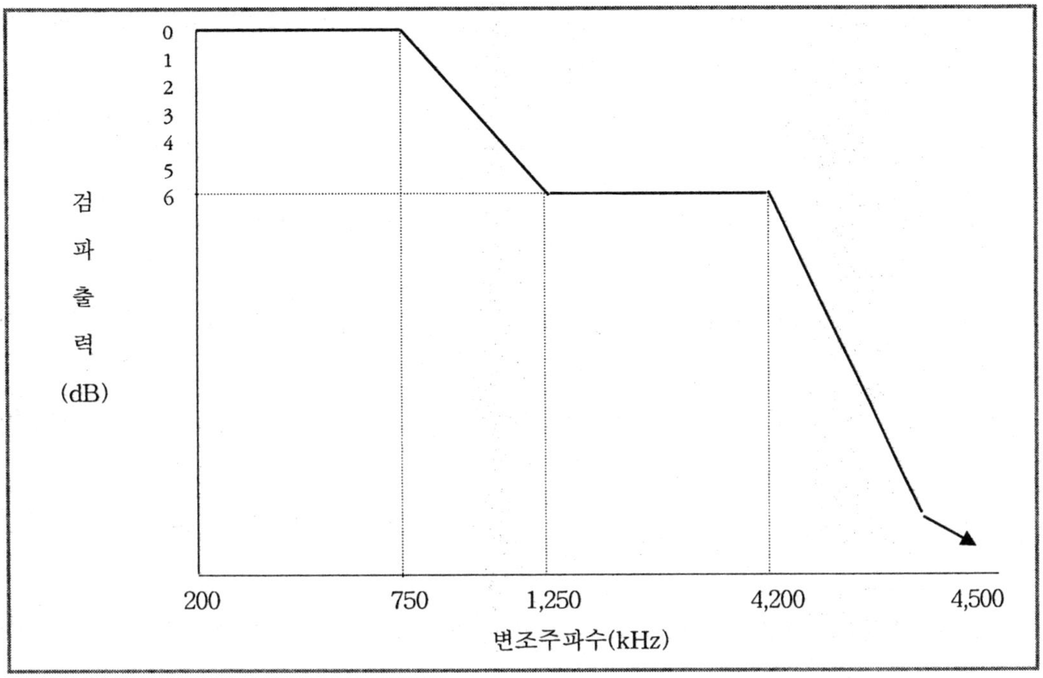

바. 상기 특성 중 750kHz에서 1,250kHz 간을 제외한 각 지점 간의 곡선은 실제적으로 평활하여야 할 것. 이 경우 송신기 출력단에 순수한 저항성 의사부하를 연결한 상태에서 측정할 것

7. 직선성 왜곡

가. 컬러텔레비전방송에서 휘도신호 및 색신호 부반송파를 변조하는 신호는 0.05μs 이내의 차로 유지하여야 할 것. 이 경우에 이들 신호의 각각의 성분에 대하여도 동일하여야 할 것

나. 영상 송신장치의 포락선 파형의 지연시간 특성은 50kHz에서 200kHz까지의 지연시간 평균치를 기준으로 한 경우에 3,000kHz까지는 0μs이고 3,000kHz에서 4,180kHz까지는 직선적으로 변화하되 3,580kHz에서 (−)0.17μs일 것

다. 제7호나목의 경우 포락선 지연시간의 허용편차는 3,580kHz에서 (±)0.05μs이고 2,100kHz까지 (±)0.1μs가 되도록 직선적으로 증가하며 2,100kHz에서 200kHz까지는 (±)0.1μs로 유지할 것. 또한 3,580kHz에서 4,180kHz까지 직선적으로 증가하되 4,180kHz에서 (±)0.1μs일 것

라. 단시간 파형왜곡은 수직 윤곽 부위를 선명하게 하기 위하여 (±)5% 이내일 것

마. 라인시간 파형왜곡은 화면의 수평방향으로 밝기변화와 또는 번짐현상을 양호하게 하기 위해 (±)2% 이내일 것

바. 직선성 파형왜곡 성분이 K-계수에 영향을 적게 하기 위하여 (±)2% 이내일 것

사. 필드시간 파형왜곡은 필드시간 동안에 기울기는 (±)2% 이내일 것

8. 비직선성 왜곡

가. 휘도 성분의 크기 변화에 따른 색도 성분의 위상 변화량은 (±)10도 이내일 것

나. 휘도 성분의 크기 변화에 따른 색도 성분의 진폭변화량은 (±)15% 이내일 것

다. 휘도성분의 크기 변화에 따른 휘도이득의 변화량은 (±)7% 이내일 것

9. 음성신호

가. (최대주파수편이) 음성신호에 의한 주파수변조의 최대주파수편이는 (±)25kHz로 할 것

나. (종합주파수특성) 50Hz에서 15,000Hz까지 최대주파수편이의 50%로 변조한 송신장치 등은 75μs의 시정수를 가진 임피던스 주파수특성의 회로에 따라 프리엠파시스를 하여야 하며 별표 10에 정한 특성곡선과 같을 것. 다만, 동등한 특성을 가지는 경우에는 그러하지 아니한다.

다. (종합왜율) 50Hz에서 15,000Hz까지 최대주파수편이로 변조한 송신장치 등은 75μs의 시정수를 가진 임피던스 주파수특성의 회로에 따라 디엠파시스를 행한 경우에 5% 이하일 것

라. (신호대 잡음비) 변조주파수 1,000Hz에 따라 최대주파수편이로 변조한 송신장치 등은 75μs의 시정수를 가진 임피던스 주파수특성의 회로에 따라 디엠파시스를 행한 경우에 50dB 이상일 것

10. 음성다중방송

가. (반송주파수) 제2음성신호 반송파(텔레비전 음성다중방송을 하기 위하여 부가되는 음성신호 반송파를 말한다. 이하 같다)의 주파수는 제2호가목에서 정한 영상신호 반송파의 주파수보다 제5호다목의 수평동기 펄스 주파수(이하 “수평동기 펄스 주파수”라 한다)의 300.25배 높은 주파수로 할 것

나. 제어신호

(1) 제어신호(텔레비전음성다중방송의 수신에 보조적 역할을 하기 위한 신호를 말한다. 이하 같다)의 주파수는 스테레오포닉 음성다중방송일 경우에 수평동기 펄스 주파수의 1/105배로 하고, 2음성 다중방송일 경우에는 수평동기 펄스주파수의 1/57배로 할 것

(2) 제어신호 부반송파의 주파수는 수평동기 펄스 주파수의 3.5배이고 주파수의 허용편차는 (±)5Hz로 할 것

(3) 제어신호 부반송파는 제어신호에 의하여 진폭변조로 하고, 그 변조도는 50%로 할 것

다. 변조신호

(1) 제1음성신호 반송파(제2호 나목의 음성신호 반송파를 말한다. 이하 같다)의 변조신호는 스테레오포닉 음성다중방송을 행하는 경우에는 좌측신호와 우측신호의 합신호일 것

(2) 제2음성신호 반송파의 변조신호는 스테레오포닉 음성다중방송을 행하는 경우에는 좌측신호와 우측신호의 차 신호이고 2음성다중방송(스테레오포닉 음성다중방송 이외의 텔레비전 음성다중방송을 말한다. 이하 같다)을 행하는 경우에는 부가되는 음성신호와 제어신호 부반송파일 것

라. 최대주파수편이

(1) 2음성다중방송을 하는 경우에 제1음성신호에 의한 반송파의 최대주파수편이는 (±)25kHz이고, 제2음성신호의 반송파는 주파수변조이며 제2음성신호에 의한 최대주파수편이는 (±)25kHz이며 제어신호 부반송파에 의한 최대주파수편이는 (±)2.5kHz(허용편차 ±0.5kHz)일 것

(2) 스테레오포닉 음성다중방송을 하는 경우에 제1음성신호에 따른 반송파의 최대주파수편이는 (±)12.5kHz이고, 제2음성신호에 따른 최대주파수편이는 (±)12.5kHz이며 제어신호 부반송파에 따른 최대주파수편이는 (±)2.5kHz일 것

마. (종합주파수특성곡선) 송신장치 등은 75μs의 시정수를 가진 임피던스 주파수특성의 회로에 의하여 프리엠파시스를 한 경우에 별표 10에 정한 특성곡선과 같을 것

바. (종합왜율) 50Hz에서 15,000Hz까지 최대주파수편이로 변조한 송신장치 등은 75μs의 시정수를 가진 임피던스 주파수특성의 회로에 의하여 디엠파시스를 행한 경우에 5% 이하일 것

사. (신호대 잡음비) 변조주파수 1,000Hz에 의하여 최대주파수편이로 변조한 송신장치 등은 75μs의 시정수를 가진 임피던스 주파수특성의 회로에 의하여 디엠파시스를 행한 경우에 50dB 이상일 것

아. (혼변조) 제1음성신호반송파의 주파수와 제2음성신호반송파의 주파수와의 차의 주파수에 따른 혼변조파 발사의 평균전력은 제1음성신호반송파와 제2음성신호 반송파의 무변조시 제1음성신호반송파 주파수보다 224.2kHz 낮은 주파수와 제2음성신호 반송파의 주파수보다 224.2kHz 높은 주파수에서 각각 영상신호 반송파의 전력보다 50dB 이상 낮은 값이어야 할 것

자. (신호분리도) 송신장치의 제1음성신호 및 제2음성신호에 따라 제1음성신호반송파와 제2음성신호반송파에 규정된 최대주파수편이를 가한 경우에 각각 50Hz부터 15,000Hz 범위 안의 어떤 주파수에 있어서도 다음의 값 이상이어야 할 것

(1) 스테레오포닉 음성다중방송일 때 30dB

(2) 2음성다중방송일 때 55dB

11. 음성송신설비의 실효복사전력

가. 모노포닉방송의 경우 음성반송파의 실효복사전력은 영상반송파의 영상송신설비의 실효복사전력의 10% 이상 30% 이하일 것

나. 제1음성신호반송파 및 제2음성신호반송파의 실효복사전력은 각각 텔레비전 영상신호 반송파 실효복사 전력의 5%와 1%로 할 것

12. (편파면) 송신공중선은 그 발사전파의 편파면이 수평일 것. 다만, 방송통신위원회가 특히 필요하다고 인정하는 경우에는 그러하지 아니한다.

13. (실효복사전력 또는 전계강도) 송신공중선으로부터 100m 이상 떨어진 전방에 장애물이 없는 공간의 지점에서 무지향성 공중선의 경우 45도마다 8지점, 지향성 공중선의 경우 30도마다 12지점에서 전계강도를 측정하여 산출한 실효복사전력이 허용치 이내일 것

14. (공중선의 지향특성) 송신공중선으로부터 100m 이상 떨어진 전방에 장애

물이 없는 공간의 지점에서 무지향성 공중선의 경우 30도마다 12지점, 지향성 공중선의 경우 15도마다 24지점에서 전계강도를 측정한 후 허가받은 지향특성일 것

15. 텔레비전방송 부가서비스의 기술적 조건은 다음 각 목에 적합할 것

가. 텔레비전방송 부가서비스가 제공할 수 있는 서비스는 문자정보, 고스트 제거 기준신호, 프로그램 관련 정보, 자막방송, 인터넷 정보, 컴퓨터 소프트웨어와 데이터 전송을 포함하며 새로운 서비스의 개발에 따라 추가될 수 있다. 텔레비전방송 부가서비스는 서비스 제공자가 선택하여 실시할 수 있다.

나. 주파수대역폭

텔레비전방송 부가서비스에 사용하는 주파수대역폭은 동일 채널의 6MHz 이내로 할 것

다. 변조

(1) 부가서비스 신호는 모든 방식으로 변조될 수 있을 것

(2) 수직귀선소거기간을 이용하는 경우 신호의 크기는 70IRE 이내로 할 것

라. 동기신호

(1) 텔레비전영상동기신호는 수직동기 펄스, 수평동기 펄스, 등화 펄스 및 색신호 부반송파로 구성되며 〈표 4-18〉과 같을 것

(2) 수평동기 펄스 주파수는 제2호다목에서 규정하는 색신호 부반송파 주파수의 2/455인 15,734.264±0.044Hz로 할 것

(3) 수직동기 펄스 주파수는 수평동기 펄스 주파수의 2/525인 59.94Hz로 할 것

마. 데이터의 삽입위치

수직귀선소거기간을 이용하는 텔레비전방송 부가서비스에서 데이터를 삽입할 수 있는 라인은 10H～21H와 273H～284H로 할 것

〈표 4-18〉 동기신호의 구성(무선설비규칙 제30조제1항제15호라목 관련)

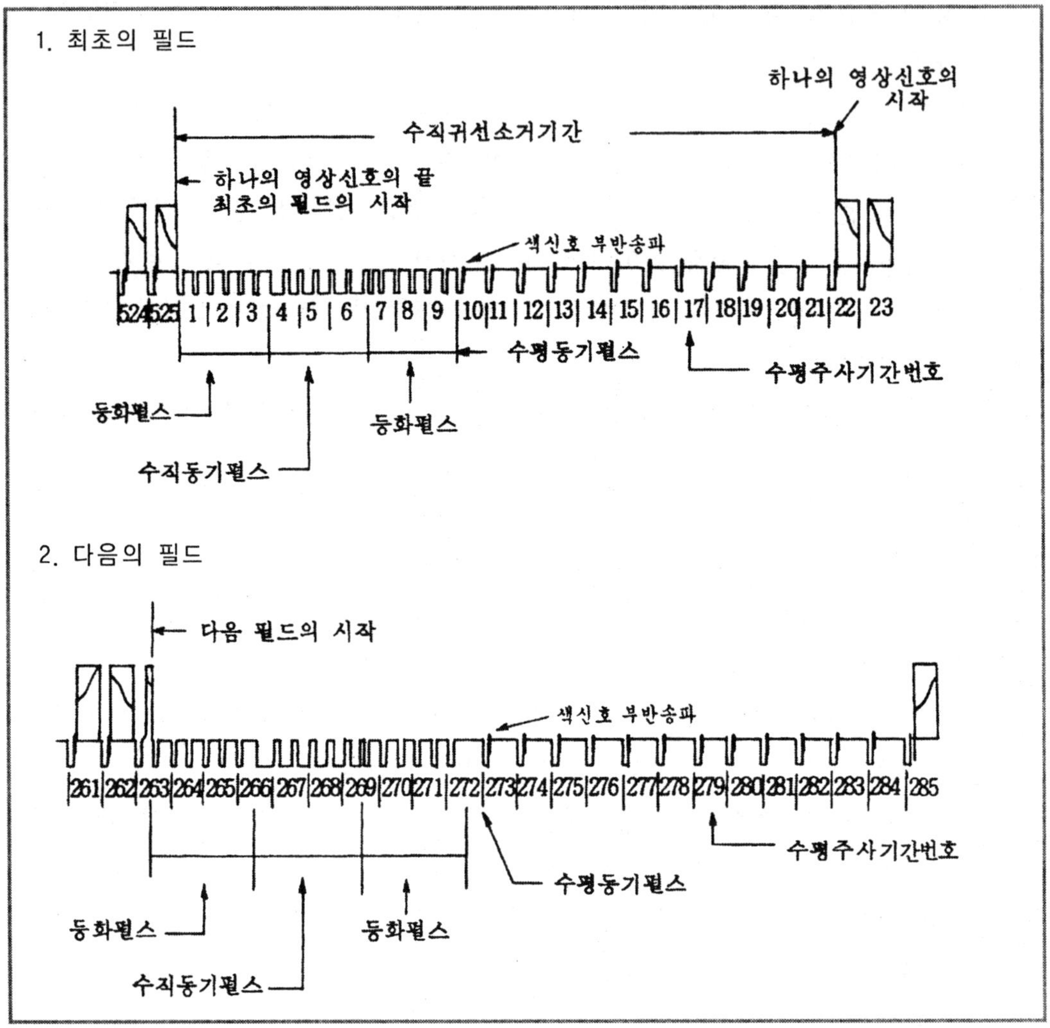

[주]
수평주사기간은 그림처럼 번호를 부여하여 제 nH로 한다.(n은 1에서 525까지임).

바. 간섭

(1) 텔레비전방송 부가서비스의 실시로 인하여 동일 채널 또는 인접채널의 텔레비전 영상 또는 음성에 어떠한 품질 저하도 주어서는 아니 될 것

(2) 디지털 데이터 펄스는 정상 주파수대역폭에 에너지가 분포 되도록 정형화되어야 할 것

② 지상파 아날로그 텔레비전방송용 채널은 〈표 4-19〉와 같다.

〈표 4-19〉 지상파 텔레비전방송용 채널(무선설비규칙 제30조제2항)

채널 번호	주파수대 (MHz)	할당 주파수 (MHz)	반송주파수(MHz)		채널 번호	주파수대 (MHz)	할당 주파수 (MHz)	반송주파수(MHz)	
			영 상	음 성				영 상	음 성
2	54-60	57	55.25	59.75	36	602-608	605	603.25	607.75
3	60-66	63	61.25	65.75	37	608-614	611	609.25	613.75
4	66-72	69	67.25	71.75	38	614-620	617	615.25	619.75
5	76-82	79	77.25	81.75	39	620-626	623	621.25	625.75
6	82-88	85	83.25	87.75	40	626-632	629	627.25	631.75
7	174-180	177	175.25	179.75	41	632-638	635	633.25	637.75
8	180-186	183	181.25	185.75	42	638-644	641	639.25	643.75
9	186-192	189	187.25	191.75	43	644-650	647	645.25	649.75
10	192-198	195	193.25	197.75	44	650-656	653	651.25	655.75
11	198-204	201	199.25	203.75	45	656-662	659	657.25	661.75
12	204-210	207	205.25	209.75	46	662-668	665	663.25	667.75
13	210-216	213	211.25	215.75	47	668-674	671	669.25	673.75
14	470-476	473	471.25	475.75	48	674-680	677	675.25	679.75
15	476-482	479	477.25	481.75	49	680-686	683	681.25	685.75
16	482-488	485	483.25	487.75	50	686-692	689	687.25	691.75
17	488-494	491	489.25	493.75	51	692-698	695	693.25	697.75
18	494-500	497	495.25	499.75	52	698-704	701	699.25	703.75
19	500-506	503	501.25	505.75	53	704-710	707	705.25	709.75
20	506-512	509	507.25	511.75	54	710-716	713	711.25	715.75
21	512-518	515	513.25	517.75	55	716-722	719	717.25	721.75
22	518-531	521	519.25	523.75	56	722-728	725	723.25	727.75
23	524-530	527	525.25	529.75	57	728-734	731	729.25	733.75
24	530-536	533	531.25	535.75	58	734-740	737	735.25	739.75
25	536-542	539	537.25	541.75	59	740-746	743	741.25	745.75
26	542-548	545	543.25	547.75	60	746-752	749	747.25	751.75
27	548-554	551	549.25	553.75	61	752～758	755	753.25	757.75
28	554-560	557	555.25	559.75	62	758～764	761	759.25	763.75
29	560-566	563	561.25	565.75	63	764～770	767	765.25	769.75
30	566-572	569	567.25	571.75	64	770～776	773	771.25	775.75
31	572-578	575	573.25	577.75	65	776～782	779	777.25	781.75
32	578-584	581	579.25	583.75	66	782～778	785	783.25	787.75
33	584-590	587	585.25	589.75	67	788～794	791	789.25	793.75
34	590-596	593	591.25	595.75	68	794～800	797	795.25	799.75
35	596-602	599	597.25	601.75	69	800～806	803	801.25	805.75

[주]

1) 반송주파수는 아날로그 텔레비전방송에 적용한다.

2) 채널번호 61에서 69까지는 대한민국 주파수 분배표 주석 K86을 준용한다.

*기술기준근거 : 무선설비규칙 제30조

4.8 지상파 디지털 텔레비전방송용 통신시스템

① 지상파 디지털 텔레비전방송용 무선설비의 기술기준은 다음과 같다.

1. 방송신호는 영상, 음성, 보조데이터로 구성되는 텔레비전 프로그램 신호 또는 데이터 방송을 하는 데이터 신호로 구성될 것

2. 방송신호의 표현 형식

가. 영상은 다음과 같은 신호를 사용하여 부호화할 것

(1) 영상신호의 표현 형식은 "지상파 디지털 텔레비전방송 송수신 정합표준"에서 규정하는 조건에 적합할 것

(2) 휘도신호와 색차신호의 표본당 비트 수는 8로 할 것

(3) 영상신호의 형식은 휘도신호(Y) 블록 4개와 색차신호(Cb, Cr) 블록 각 한 개씩으로 구성된 4:2:0 형식으로 할 것. 이 경우 블록은 수평×수직으로 8×8 화소로 구성된 매트릭스를 말하는 것일 것

나. 음성은 다음과 같은 신호를 사용하여 부호화할 것

(1) 음성신호의 대역은 3Hz 이상 20,000Hz 이하로 할 것. 이 경우 저대역효과(LFE : Low Frequency Enhancement) 채널 음성신호의 대역은 3Hz 이상 120Hz 이하로 할 것

(2) 음성의 서비스 유형은 "지상파 디지털 텔레비전방송 송수신 정합 표준"에서 규정하는 조건에 적합할 것

(3) 음성 채널의 수는 5.1채널이며 이 가운데 한 채널 이상을 선택하여 오디오 채널을 구성할 것

(4) 음성신호의 표본화 주파수는 48,000Hz로 할 것

(5) 음성신호의 표본당 비트 수는 16 이상, 24 이하로 할 것

3. 영상신호의 조건

가. 프로그램 채널당 영상 부호화 목표 비트율은 최대 19.4Mbps로 할 것

나. 부호화 기본 알고리즘은 MPEG-2 MP@HL 또는 MPEG-2 MP@ML을 따를 것. 이 경우 부호화 알고리즘의 정의 등은 MPEG-2 국제표준인 ISO/IEC 13818-2

동기 신호를 각각 삽입할 것

(3) 동기신호의 형식은 "지상파 디지털 텔레비전방송 송수신 정합표준"에서 규정하는 조건에 적합할 것

사. 송신장치의 기술적조건

(1) 대역외 발사강도는 다음 조건을 만족할 것

(가) 공중선전력이 10W를 초과하는 경우, 〈표 4-21〉과 같이 500kHz의 분해대역폭(RBW)으로 측정한 경우에 채널경계로부터 ±500kHz 이하는 기본주파수의 전체 평균전력보다 −47dB 이하이고, 채널경계로부터 ±500kHz 초과 ±6MHz 미만은 기본주파수의 전체 평균전력보다 −{11.5(Δf+3.6)}dB 이하이며, 채널경계로부터 ±6MHz 이상은 −110dB 이하일 것. 이 경우 Δf는 채널경계로부터의 주파수차(MHz)를 말한다.

〈표 4-21〉 대역외발사강도의 허용범위(제31조제1항제9호사목 관련)

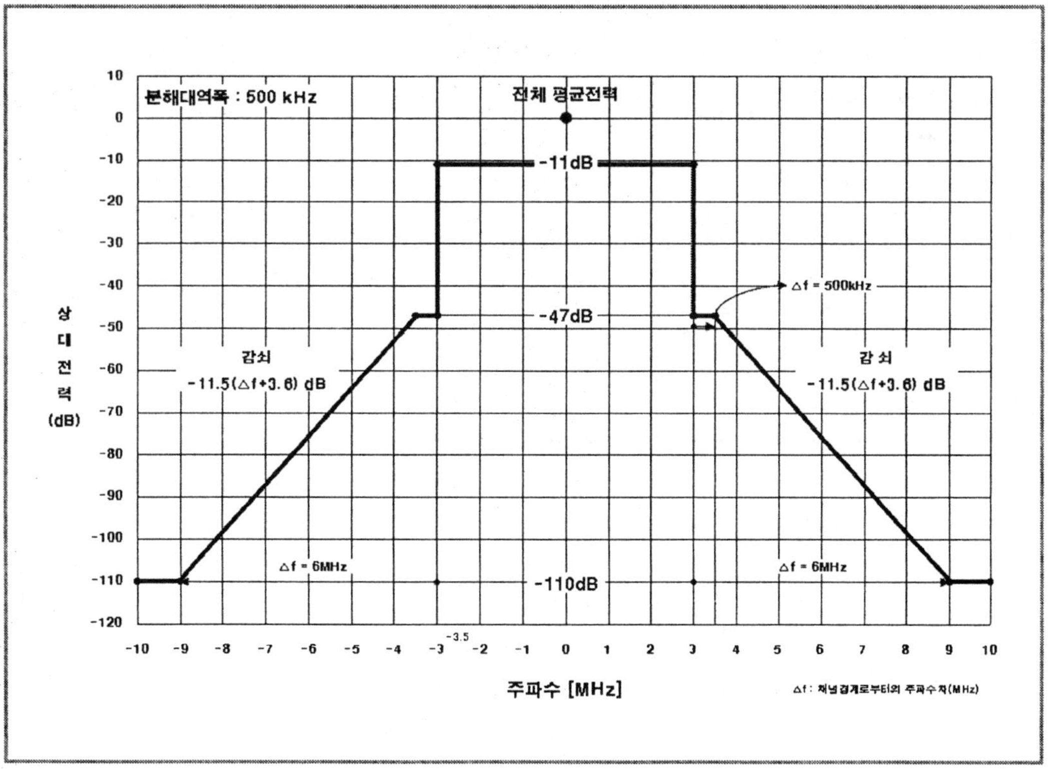

(나) 공중선전력이 10W 이하인 경우, 〈표 4-22〉와 같이 500kHz의 분해대역폭(RBW)으로 측정한 경우에 채널경계로부터 ±6MHz 미만은 기본주파수의 전체 평균전력보다 $-\{46+(\Delta f2/1.44)\}$dB 이하이고, 채널경계로부터 ±6MHz 이상은 기본주파수의 전체 평균전력보다 −71dB 이하일 것. 이 경우 Δf는 채널경계로부터의 주파수차(MHz)를 말한다.

〈표 4-22〉 대역외발사강도의 허용범위(무선설비규칙 제31조제1항제9호사목 관련)

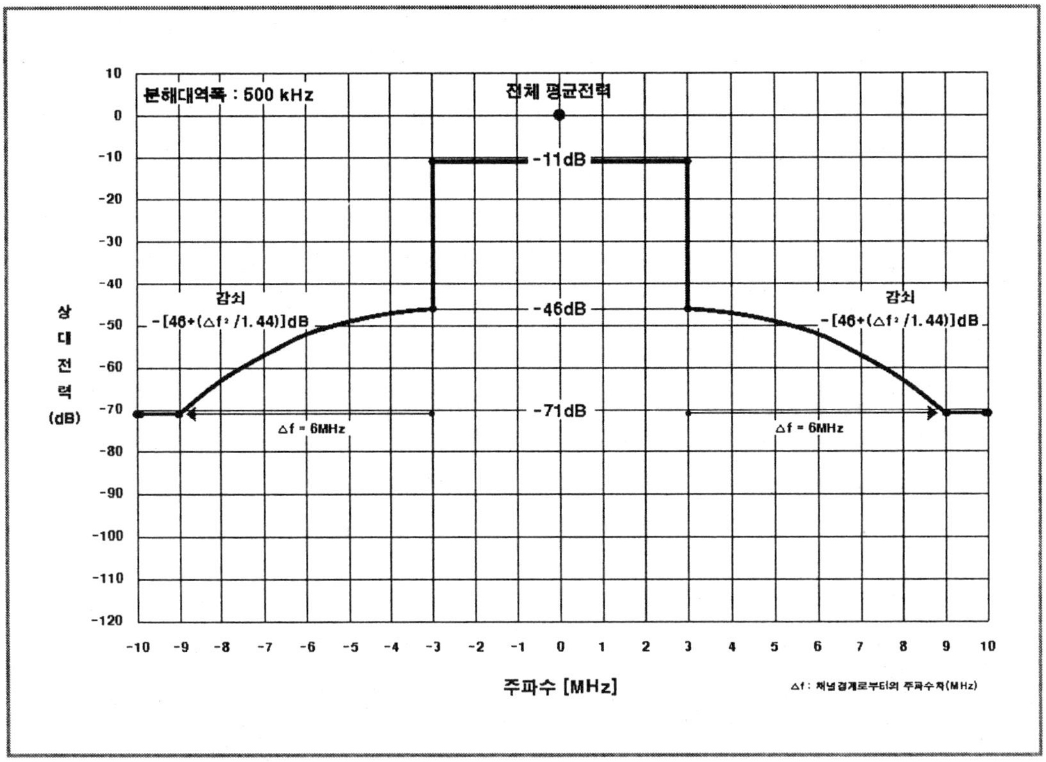

(2) 신호대 잡음비는 등화를 행하지 아니한 경우에 27dB 이상일 것

(3) 위상잡음은 20kHz에서 Hz당 −104dBc 이하일 것

(4) 주파수응답특성은 6MHz 대역 내에서 ±0.5dB 이내일 것

(5) 첨두전력대 평균전력비는 〈표 4-23〉의 허용범위 이내일 것

〈표 4-23〉 첨두전력대 평균전력비의 허용범위(제31조제1항제9호사목 관련)

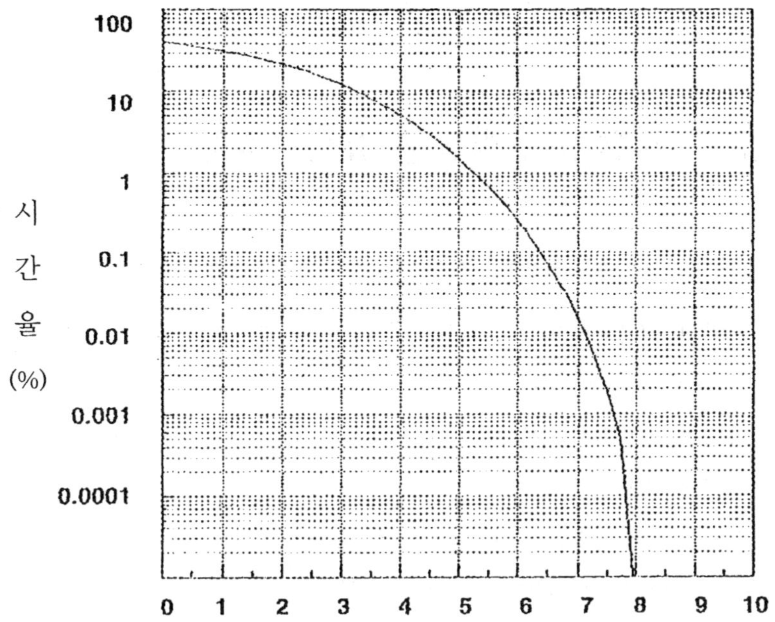

10. (편파면) 송신공중선은 그 발사전파의 편파면이 수평일 것. 다만, 방송통신위원회가 특히 필요하다고 인정하는 경우에는 그러하지 아니한다.
11. (실효복사전력 또는 전계강도) 송신공중선으로부터 100m 이상 떨어진 전방에 장애물이 없는 공간의 지점에서 무지향성 공중선의 경우 45도마다 8지점, 지향성 공중선의 경우 30도마다 12지점에서 전계강도를 측정하여 산출한 실효복사전력이 허용치 이내일 것
12. (공중선의 지향특성) 송신공중선으로부터 100m 이상 떨어진 전방에 장애물이 없는 공간의 지점에서 무지향성 공중선의 경우 30도마다 12지점, 지향성 공중선의 경우 15도마다 24지점에서 전계강도를 측정한 후 허가 받은 지향특성일 것
13. 이 기준에 규정되지 않은 지상파 디지털 텔레비전방송업무에 대한 기술적 특성은 국제전기통신연합에 규정된 조건을 따를 것

② 지상파 디지털 텔레비전방송용 채널은 제30조 제2항을 준용한다.

*** 기술기준근거 : 무선설비규칙 제31조**

4.9 디지털 위성방송용 통신시스템

디지털 위성방송용 무선설비의 기술기준은 다음과 같다.

1. 이 조에서 규정한 기술기준은 11/12GHz 대역의 디지털 위성방송용 무선설비에 대하여 적용할 것
2. 방송신호는 비디오서비스 신호, 오디오서비스 신호 또는 데이터서비스 신호로 구성될 것
3. 비디오 신호의 포맷은 다음 각목과 같을 것

가. 비디오 신호는 SDTV급 또는 HDTV급을 수용할 것. SDTV의 해상도는 화면의 가로×세로가 최대 720×480이고, HDTV의 해상도는 화면의 가로×세로가 최대 1920×1080일 것

나. 표본화 비트수는 8비트로 할 것

4. 오디오 신호의 포맷은 다음 각 호와 같을 것

가. 오디오 신호는 모노, 스테레오 또는 멀티채널 오디오를 수용할 것

나. 표본화 비트수는 최대 24비트로 할 것

5. 데이터방송 신호는 다음과 같을 것

가. 데이터방송의 표현 및 전송방식은 "위성데이터방송표준"을 따를 것

6. 비디오 신호의 압축조건은 다음과 같을 것

가. SDTV급 신호는 ISO/IEC 13818-2 | ITU-T 권고 H.262의 MP@ML 또는 ISO/IEC 14496-10 | ITU-T 권고 H.264의 Main Profile Level 3 또는 High Profile Level 3을 따를 것

나. HDTV급 신호는 ISO/IEC 13818-2 | ITU-T 권고 H.262의 HP@HL 또는 ISO/IEC 14496-10 | ITU-T 권고 H.264의 Main Profile 또는 High Profile에서 Level 4 또는 Level 4.1 또는 Level 4.2를 따를 것

7. 오디오 신호의 압축조건은 ISO/IEC 13818-3, AC-3(ATSC A/52) 또는 ISO/IEC 14496-3의 AAC Profile 또는 High Efficiency AAC Profile을 따를 것

8. 다중화 조건은 다음과 같을 것

가. 다중화방식은 ISO/IEC 13818-1 | ITU-T 권고 H.222.0을 따를 것

나. 서비스 정보의 처리는 DVB SI(EN 300 468)를 따를 것

다. 제한수신 기능은 ISO/IEC 13818-1 | ITU-T 권고 H.222.0을 따를 것

9. 오류정정부호 및 방식은 다음과 같을 것

가. DVB-S인 경우

(1) 오류정정을 위한 방식은 리드-솔로몬 부호와 길쌈 부호를 연결한 연접 부호방식을 사용할 것

(2) 오류분산방법은 길쌈 인터리빙방식을 사용할 것

나. DVB-S2인 경우

(1) 오류정정을 위한 방식은 BCH(Bose Chaudhuri Hocquenghem) 부호와 LDPC(Low Density Parity Check) 부호를 연결한 연접 부호방식을 사용할 것

(2) 오류분산방법은 비트 인터리빙방식을 사용할 것

(3) 역방향호환모드를 사용하는 경우, 상위 전송스트림의 오류정정방식은 리드-솔로몬 부호와 길쌈 부호를 연결한 연접 부호방식을 사용하고, 하위 전송스트림의 오류정정방식은 BCH 부호와 LDPC 부호를 연결한 연접 부호방식을 사용할 것

10. 변조 및 송신 조건은 다음과 같을 것

가. DVB-S인 경우

(1) 변조방식은 QPSK방식으로 할 것

나. DVB-S2인 경우

(1) 변조방식은 QPSK 또는 8PSK 방식으로 할 것. 단, 역방향호환모드를 사용하는 경우 변조방식은 H-8PSK 방식으로 할 것

(2) 전송 시 변조방식, 오류정정 부호 부호율 및 프레임동기 정보를 포함할 것

다. 펄스정형 필터의 롤-오프 계수는 0.35 이하로 할 것

11. 이 기준에 규정되지 않은 디지털 위성방송의 궤도, 주파수, 전력속밀도 등에 대한 기술적 특성은 국제전기통신연합에 규정된 조건을 따를 것

*** 기술기준근거 : 무선설비규칙 제32조**

4.10 위성 디지털멀티미디어방송용 통신시스템

위성 디지털멀티미디어방송(DMB)용 무선설비의 기술기준은 다음과 같다.

1. 이 기술기준은 2.6GHz 대역의 위성 디지털멀티미디어방송(DMB)용 무선설비에 대하여 적용할 것
2. 방송신호의 구성은 다음과 같을 것

가. 방송신호는 비디오서비스 신호, 오디오서비스 신호 또는 데이터서비스 신호로 구성되며, 각 신호는 보조데이터를 포함할 수 있을 것

나. 그 외 방송신호는 비디오, 오디오, 데이터 등의 여러 조합으로 프로그램 신호를 구성할 수 있을 것

3. 비디오 신호의 포맷은 다음 각 호와 같을 것

가. 비디오 신호의 해상도는 화면의 화소수(가로×세로)가 320×240 이상일 것

나. 비디오 신호의 표본화 비트 수는 6 또는 8로 할 것

4. 오디오 신호의 포맷은 다음 각 호와 같을 것

가. 오디오 신호의 대역은 20,300Hz 이하로 할 것

나. 오디오 신호의 표본화 주파수는 최대 48,000Hz로 할 것

다. 오디오 신호의 표본화 비트 수는 24 이하일 것

5. 데이터 신호의 포맷은 다양한 서비스를 수용할 수 있을 것
6. 비디오 신호 및 오디오신호의 압축조건은 다음과 같을 것

가. 비디오 신호의 압축 기본 알고리즘은 ISO/IEC 14496-10(MPEG-4 Part 10) | ITU-T Rec. H.264 Baseline Profile@L1.3 방식을 따르고, 압축된 비디오 신호의 최대비트율은 768kbps로 할 것

나. 오디오 신호의 압축 기본 알고리즘은 ISO/IEC 13818-7(MPEG-2 AAC)+SBR

방식을 따르며, 부호화 형식 및 조건은 다음과 같을 것

(1) 오디오서비스의 최대비트율은 256kbps로 할 것

(2) 오디오 부호화기로부터 출력되는 신호의 최소비트율은 32kbps로 할 것

(3) 보조 영상 및 보조 데이터 신호의 비트율은 전체 비트율의 40% 이하일 것

(4) 보조 영상 및 보조 데이터 신호는 "위성 디지털멀티미디어방송 송수신 정합 표준"에서 규정하는 형식을 따를 것. 다만, 보조 영상 신호는 초당 1 프레임 이하일 것

7. 다중화 조건은 다음과 같을 것

가. 다중화방식은 ISO/IEC 13818-1(MPEG-2 System)을 따를 것

나. 서비스 정보(SI)의 처리는 "위성 디지털멀티미디어 방송 송수신 정합표준"을 따를 것

8. 오류정정 및 분산방식은 다음과 같을 것

가. 오류정정방식은 리드 솔로몬 부호와 길쌈 부호를 연결한 연접 부호방식을 사용할 것

나. 오류분산방식은 바이트 인터리빙(Byte Interleaving) 및 비트 인터리빙(Bit Interleaving)방식을 사용하고, 파이롯트 신호에는 바이트 인터리빙방식만을 사용할 것

9. 변조 및 송신 조건은 다음과 같을 것

가. 변조는 QPSK 및 BPSK 방식으로, 전송은 CDM 방식으로 할 것

나. 변조된 신호의 주파수대역폭은 25MHz로 할 것

다. 펄스정형 필터의 롤-오프계수는 0.22로 할 것

라. 송신장치의 반송파 신호 주파수허용편차는 50ppm으로 할 것

마. 송신장치의 기술적 조건

(1) 대역외 발사강도는 30kHz 분해대역폭(RBW)으로 측정한 경우에 중심주파수로부터 ±13.08MHz 이상의 주파수에서 −56.2dBm 이하일 것

10. 이 기준에 규정되지 않은 위성 디지털멀티미디어 방송에 대한 기술적 특성은 국제전기통신연합에 규정된 조건을 따를 것

＊ 기술기준근거 : 무선설비규칙 제33조

5 chapter

전기통신사업용 무선설비의 기술기준

5.1 전기통신사업용 무선설비의 적용범위

이 장에서의 기술기준은 전파법 제19조제2항에 따른 전기통신역무를 제공받기 위한 무선국의 무선설비, 해당 역무를 제공하기 위한 무선국의 무선설비 및 해당 업무를 보조하는 무선설비에 대하여 이를 적용한다.

* 기술기준근거 : 무선설비규칙 제81조

5.2 이동전화용 통신시스템

824MHz~849MHz 및 869MHz~894MHz 주파수의 전파를 사용하는 이동무선전화용 무선설비의 기술기준은 다음과 같다.

1. 공통조건

가. 통신방식은 코드분할다원접속방식을 사용하는 복신방식일 것(다만, 이동통신 핸드오프를 위해 기지국에 부가적으로 설치하는 장치는 단향통신방식을 사용할 수 있다.)

나. 발사전파의 점유주파수대폭의 허용치는 1.32MHz 이내일 것

다. 발사전파의 전파형식은 G7W, G7D, D7W, D7D 중 1 이상을 사용하는 것일 것

2. 기지국 송신장치(이동통신 핸드오프를 위해 기지국에 부가적으로 설치하는 장치를 포함한다)의 조건

가. 발사전파의 주파수허용편차는 지정주파수의 $\pm 5\times 10^{-8}$ 이내일 것

나. 송신장치의 불요발사는 다음 조건을 만족할 것

(1) 지정주파수로부터 ±750kHz 이상 떨어진 주파수에서 30kHz 분해대역폭으로 측정한 경우 기본주파수의 평균전력보다 45dB 이상 낮을 것

(2) 지정주파수로부터 ±1.98MHz 이상 떨어진 주파수에서 30kHz 분해대역폭

으로 측정한 경우 다음과 같을 것

(가) 기본주파수의 평균전력이 33dBm 이상인 것은 기본주파수의 평균전력보다 60dB 이상 낮을 것

(나) 기본주파수의 평균전력이 28dBm 이상 33dBm 미만인 것은 측정한 평균전력이 −27dBm 이하일 것

(다) 기본주파수의 평균전력이 28dBm 미만인 것은 기본주파수의 평균전력보다 55dB 이상 낮을 것

(3) 지정주파수로부터 ±3.125MHz 이상 떨어진 주파수에서 100kHz 분해대역폭으로 측정한 평균전력이 −13dBm 이하일 것

다. 896MHz 이상 900MHz 이하의 주파수범위에서 발사되는 불요 발사가 제2호 나목의 조건에도 불구하고 송신급전단에서 100kHz 분해대역폭으로 측정한 평균전력이 −32dBm 이하일 것

라. 전기통신회선설비와 접속할 수 있는 것일 것

3. 이동국 송신장치의 조건

가. 발사전파의 주파수허용편차는 지정주파수에서 ±300Hz 이내일 것

나. 송신장치의 불요발사는 다음 조건을 만족할 것

(1) 지정주파수로부터 ±900kHz 이상 떨어진 주파수에서 30kHz 분해대역폭으로 측정한 경우 기본주파수의 평균전력보다 42dB 이상 낮을 것

(2) 지정주파수로부터 ±1.98MHz 이상 떨어진 주파수에서 30kHz 분해대역폭으로 측정한 경우 기본주파수의 평균전력보다 54dB 이상 낮을 것

(3) 지정주파수로부터 ±3.125MHz 이상 떨어진 주파수에서 100kHz 분해대역폭으로 측정한 평균전력이 −13dBm 이하일 것

다. 이동국 수신주파수 869MHz 이상 894MHz 이하의 범위에서 발사되는 불요발사가 송신급전단에서 1.23MHz 분해대역폭으로 측정한 평균전력이 −80dBm 이하일 것

라. 이동국에서 사용하는 전파는 기지국에 의해 자동적으로 선택되어지는 것일 것

마. 공중선전력이 필요 최소한으로 운용되도록 자동적으로 제어하는 기능을 가지는 것일 것

바. 각 이동국을 식별할 수 있는 전자적고유번호를 탑재할 것

사. 바목에 의한 전자적고유번호가 변경되지 아니하도록 하거나 변경을 시도할 경우 삭제되도록 할 것

4. 기지국과 이동국 간의 통신을 중계하는 송신장치의 조건

가. 송신주파수대의 구분

(1) 824.025MHz~835.095MHz(기지국 방향), 869.025MHz~880.095MHz(이동국 방향)k, 845.295MHz~848.985MHz(기지국 방향), 890.295MHz~893.985MHz(이동국 방향)

(2) 835.275MHz~845.115MHz(기지국 방향), 880.275MHz~890.115MHz(이동국 방향)

(3) 824.025MHz~848.985MHz(기지국 방향), 869.025MHz~893.985MHz(이동국 방향). (단, 이동전화사업자 간 협따라 설치·운용하는 무선설비에 한함)

나. 제2호가목부터 다목까지의 조건을 만족할 것

다. 가목의 송신주파수대 이외에서 불요발사는 다음 조건을 만족할 것

(1) 송신주파수대의 끝으로부터 180kHz 이상 떨어진 주파수에서 30kHz의 분해대역폭으로 측정한 경우 기본주파수의 평균전력보다 45dB 이상 낮을 것

(2) 송신주파수대의 끝으로부터 1.365MHz 이상 떨어진 주파수에서 30kHz의 분해대역폭으로 측정한 경우 다음과 같을 것

(가) 기본주파수의 평균전력이 33dBm 이상인 것은 기본주파수의 평균전력보다 60dB 이상 낮을 것

(나) 기본주파수의 평균전력이 28dBm 이상 33dBm 미만인 것은 측정한 평균전력이 −27dBm 이하일 것

(다) 기본주파수의 평균전력이 28dBm 미만인 것은 기본주파수의 평균전력보다 55dB 이상 낮을 것

(3) 송신주파수대의 끝으로부터 2.510MHz 이상 떨어진 주파수에서 100kHz 분해대역폭으로 측정한 평균전력이 −13dBm 이하일 것

라. 중계신호가 없는 경우의 상온에서의 잡음전력은 송신급전단에서 1.23MHz의 분해대역폭으로 측정한 평균전력이 다음과 같을 것

(1) 기본주파수의 평균전력이 10dBm을 초과하는 것은 4dBm 이하

(2) 기본주파수의 평균전력이 0dBm 초과 10dBm 이하인 것은 −36dBm 이하

(3) 기본주파수의 평균전력이 0dBm 이하인 것은 −46dBm 이하

마. 기지국을 대향하는 공중선은 지향특성을 가질 것

5. 무선국의 개설절차에 적합하여 운영 중인 기지국과 중계 송신장치는 할당대역 바깥쪽 주파수에 대해서만 제2호 및 제4호의 불요발사 규정을 적용한다.

＊ 기술기준근거 : 무선설비규칙 제82조

5.3 개인휴대전화용 통신시스템

1750MHz～1780MHz 및 1840MHz～1870MHz 주파수의 전파를 사용하는 개인휴대전화용 무선설비의 기술기준은 다음과 같다.

1. 공통조건

가. 통신방식은 코드분할 다중접속방식을 사용하는 복신방식일 것(다만, 이동통신 핸드오프를 위해 기지국에 부가적으로 설치하는 장치는 단향통신방식을 사용할 수 있다.)

나. 송신설비에서 발사되는 전파의 형식은 G7W, G7D, D7W, D7D 중 1 이상을 사용하는 것일 것

다. 발사전파의 점유주파수대폭의 허용치는 1.32MHz 이내일 것

2. 기지국 송신장치(이동통신 핸드오프를 위해 기지국에 부가적으로 설치하는 장치를 포함한다)의 조건

가. 발사전파의 주파수의 허용편차는 지정주파수의 $\pm5\times10^{-8}$ 이내일 것

나. 송신장치의 불요발사는 다음 조건을 만족할 것

(1) 지정주파수로부터 ±885kHz 이상 떨어진 주파수에서 30kHz 분해대역폭으로 측정한 경우 기본주파수의 평균전력에 비하여 45dB 이상 낮을 것

(2) 지정주파수로부터 ±1.98MHz 이상 떨어진 주파수에서 30kHz 분해대역폭으로 측정한 경우 다음과 같을 것

(가) 기본주파수의 평균전력이 33dBm 이상인 경우에는 기본주파수의 평균전력에 비하여 55dB 이상 낮을 것

(나) 기본주파수의 평균전력이 28dBm 이상이고 33dBm 미만인 경우에는 평균전력이 −22dBm 이하일 것

(다) 기본주파수의 평균전력이 28dBm 미만인 경우에는 기본주파수의 평균전력에 비하여 50dB 이상 낮을 것

(3) 지정주파수로부터 ±2.25MHz 이상 떨어진 주파수에서 1MHz 분해대역폭으로 측정한 평균전력이 −13dBm 이하일 것

(4) 1840MHz～1850MHz, 1850MHz～1860MHz 및 1860MHz～1870MHz 주파수대(20MHz 이상을 사용하는 장비는 1840MHz～1860MHz 및 1860MHz～1870MHz 주파수대)의 끝으로부터 1MHz 범위 내에 있는 주파수에서는 12.5kHz 분해대역폭으로 측정한 평균전력이 −13dBm 이하일 것

(5) (4)에 명시된 주파수대의 끝으로부터 1MHz 범위를 초과하여 떨어진 주파수에서는 12.5kHz 분해대역폭으로 측정하여 1MHz 대역에 합산한 평균전력이 −13dBm 이하일 것

(6) (4) 및 (5)에도 불구하고, 개인휴대전화사업자와 협따라 지하공간에 설치・운용하기 위하여 1840MHz～1870MHz 주파수대의 전파를 이용하는 송신장치는 해당 주파수대의 끝으로부터 1MHz 이내로 떨어진 주파수에서 12.5kHz 분해대역폭으로 측정한 평균전력이 −13dBm 이하이고, 1MHz를 초과하여 떨어진 주파수에서 −10dBm 이하일 것

3. 이동국 송신장치의 조건

가. 발사전파의 주파수의 허용편차는 지정주파수의 ±150Hz 이내일 것

나. 송신장치의 불요발사는 다음 조건을 만족할 것

(1) 지정주파수로부터 ±1.25MHz 이상 떨어진 주파수에서 30kHz 분해대역폭으로 측정한 경우 기본주파수의 평균전력에 비하여 42dB 이상 낮을 것

(2) 지정주파수로부터 ±1.98MHz 이상 떨어진 주파수에서 30kHz 분해대역폭으로 측정한 경우 기본주파수의 평균전력에 비하여 50dB 이상 낮을 것

(3) 지정주파수로부터 ±2.25MHz 이상 떨어진 주파수에서 1MHz 분해대역폭으로 측정한 평균전력이 −13dBm 이하일 것

(4) 1840MHz～1870MHz 주파수대에서의 불요발사는 공중선 전단에서 1.23MHz 분해대역폭으로 측정한 평균전력이 －80dBm 이하일 것

다. 발사전파의 주파수는 기지국 설비에 따라 자동적으로 선택되는 것일 것

라. 기지국에서 발사되는 전파의 강도에 따라 공중선전력이 필요 최소한이 되도록 자동적으로 제어하는 기능을 가질 것

마. 각 이동국을 식별할 수 있는 전자적고유번호를 탑재할 것

바. 마목에 의한 전자적고유번호가 변경되지 아니하도록 하거나 변경을 시도할 경우 삭제되도록 할 것

4. 기지국과 이동국 간의 통신을 중계하는 송신장치의 조건

가. 송신주파수대의 구분

(1) 1750MHz～1760MHz(기지국 방향), 1840MHz～1850MHz(이동국 방향)

(2) 1760MHz～1770MHz(기지국 방향), 1850MHz～1860MHz(이동국 방향)

(3) 1770MHz～1780MHz(기지국 방향), 1860MHz～1870MHz(이동국 방향)

(4) 1750MHz～1770MHz(기지국 방향), 1840MHz～1860MHz(이동국 방향)

(5) 1750MHz～1780MHz(기지국 방향), 1840MHz～1870MHz(이동국 방향)

나. 주파수허용편차는 제2호가목의 조건을 만족할 것

다. 불요발사는 제2호나목(1) 및(2)의 조건외에 다음 조건을 만족할 것

(1) 가목의 송신주파수대(가목(5)의 무선설비는 가목 (3) 및 (4)의 송신주파수대를 적용한다)의 끝으로부터 1MHz 범위 내에 있는 주파수에서는 12.5kHz 분해대역폭으로 측정한 평균전력이 －13dBm 이하일 것

(2) 가목의 송신주파수대(가목(5)의 무선설비는 가목(3) 및 (4)의 송신주파수대를 적용한다)의 끝으로부터 1MHz 범위를 초과하여 떨어진 주파수에서는 12.5kHz 분해대역폭으로 측정하여 1MHz 대역에 합산한 평균전력이 －13dBm 이하일 것

(3) (1) 및 (2)에도 불구하고, 개인휴대전화사업자와 협따라 지하공간에 설치·운용하기 위하여 1750MHz～1780MHz(기지국 방향)주파수대와 1840MHz～1870MHz(이동국 방향) 주파수대의 전파를 이용하는 송신장치는 해당 주파수대의 끝으로부터 1MHz 이내로 떨어진 주파수에서 12.5kHz 분해대역폭으로 측정한 평균전력이 －13dBm 이하이고, 1MHz를 초과하여 떨어

진 주파수에서 −10dBm 이하일 것

5. 무선국의 개설절차에 적합하여 운영 중인 기지국과 중계 송신장치는 할당대역 바깥쪽 주파수에 대해서만 제2호 및 제4호의 불요발사 규정을 적용한다.

＊ 기술기준근거 : 무선설비규칙 제83조

5.4 긴급무선전화용 통신시스템

긴급무선전화용 무선설비의 기술기준은 다음과 같다.

가. 824MHz∼849MHz 및 869MHz∼894MHz 주파수의 전파를 사용하는 긴급무선전화용 무선설비는 제82조제1호 및 제3호의 조건을 만족할 것

나. 1750MHz∼1780MHz 및 1840MHz∼1870MHz 주파수의 전파를 사용하는 긴급전화용 무선설비는 제83조의 제1호 및 제3호의 조건을 만족할 것

＊ 기술기준근거 : 무선설비규칙 제84조

5.5 무선호출용 통신시스템

26.1MHz∼50MHz, 72MHz∼76MHz, 138MHz∼143.6MHz, 146MHz∼174MHz, 273MHz∼328.6MHz, 335.4MHz∼470MHz, 923.55MHz∼924.45625MHz 주파수의 전파를 사용하는 무선호출용 무선설비의 기술기준은 다음과 같다.

1. 공통조건

가. 무선호출을 위한 신호방식은 디지털코드방식이어야 하며, 전송속도는 200bps 이상일 것

나. 무선호출로서 음성통신을 행하고자 할 경우에는 해당 기기의 무선호출신호를 송출한 후에 음성신호를 전송할 것

다. 통신방식은 단향통신방식 또는 복신방식일 것

라. 전파형식은 F(G)1D, F(G)2D, F(G)1E, F(G)2E, F(G)7W 중 1 이상을 사용하는 것일 것

2. 기지국 송신장치(이동통신 핸드오프를 위해 기지국에 부가적으로 설치하는 장치를 포함한다)의 조건

가. 공중선전력은 150W 이하일 것

나. 주파수허용편차는 지정주파수의 $\pm 1\times10^{-6}$ 이내일 것

다. 점유주파수대폭의 허용치는 16kHz 이하일 것

라. 디지털코드방식을 사용하는 경우 주파수편이는 ±5kHz 이내일 것

마. 스퓨리어스발사의 허용치는 다음과 같을 것

(1) 공중선전력이 25W를 초과하는 경우 : 1mW 이하이고 기본주파수의 평균전력보다 70dB 낮은 값

(2) 공중선전력이 25W 이하일 경우 : 2.5μW 이하

바. 디지털코드방식을 사용하는 경우 인접채널 누설전력은 변조신호의 송신속도와 동일한 송신속도의 표준부호화 시험신호로 변조하였을 때 반송주파수로부터 25kHz 떨어진 주파수의 ±8kHz 대역 내에 복사되는 전력이 반송파전력보다 70dB 이상 낮은 값 또는 2.5μW 이하 중 덜 엄격한 값일 것

3. 이동국 송신장치(900MHz대)의 조건

가. 공중선전력은 1W 이하일 것

나. 주파수의 허용편차는 지정주파수의 $\pm 2.5\times10^{-6}$ 이내일 것

다. 점유주파수대폭의 허용치는 10kHz 이하일 것

라. 주파수편이는 ±3.2kHz 이하일 것

마. 송신장치에서 방사되는 전력은 무변조 기본파의 평균전력보다 다음 값 이상 감쇠될 것(Fd는 점유주파수대폭의 중심주파수로부터 측정주파수 간의 간격만큼 떨어진 변위 주파수로 단위는 kHz이고, P는 반송파전력으로 단위는 W임)

(1) 점유주파수대폭의 중심주파수로부터 2.5kHz 이상 6.25kHz 미만 떨어진 주파수에서 300Hz 분해대역폭으로 측정한 경우 53log10(Fd/2.5)dB

(2) 점유주파수대폭의 중심주파수로부터 6.25kHz 이상 9.5kHz 미만 떨어진

주파수에서 300Hz 분해대역폭으로 측정한 경우 103log10(Fd/3.9)dB

(3) 점유주파수대폭의 중심주파수로부터 9.5kHz 이상 50kHz 미만 떨어진 주파수에서 300Hz 분해대역폭으로 측정한 경우 157log10(Fd/5.3)dB, 50+10log10(P)dB 또는 70dB 중 작은 값

(4) 점유주파수대폭의 중심주파수로부터 50kHz 이상 떨어진 주파수에서 43+10log10(P)dB. 단, 1GHz 미만에서는 100kHz 분해대역폭을, 1GHz 이상에서는 1MHz 분해대역폭을 적용함.

4. 기지국과 이동국 간 통신을 중계하는 송신장치의 조건

가. 송신주파수대는 다음과 같을 것

(1) 317.9875MHz～320.9875MHz(이동국 방향)

(2) 923.5500MHz～924.45625MHz(기지국 방향)

나. 이동국 방향은 제2호의 나목, 다목, 마목 및 바목의 조건을 만족할 것

다. 기지국 방향은 제3호의 나목, 다목 및 마목의 조건을 만족할 것

＊ 기술기준근거 : 무선설비규칙 제85조

5.6 위성휴대통신용 통신시스템

148MHz～150.05MHz, 1610MHz～1618.25MHz, 1655.7MHz～1658.9MHz 주파수의 전파를 사용하는 위성휴대통신용 무선국의 무선설비는 다음과 같다.

1. 148MHz～150.05MHz 주파수의 전파를 사용하는 송신장치의 조건

가. 통신방식은 주파수분할 다중접속방식을 사용하는 단신방식일 것

나. 송신에 사용되는 전파형식은 G1D일 것

다. 발사하는 전파의 주파수허용편차는 지정주파수의 $\pm 20\times10^{-6}$ 이내일 것

라. 발사하는 전파에 허용되는 점유주파수대폭의 값은 5kHz 이내일 것

마. 송신설비의 스퓨리어스발사의 허용치는 다음의 등가등방복사전력 값을 초과하지 않을 것

(1) 148MHz 초과 150.05MHz 미만의 주파수범위외

주파수범위(MHz)	등가등방복사전력(dBW)	측정대역폭
0.1 ~ 148	−66	100kHz
148 ~ 150.05	적용하지 않음	적용하지 않음
150.05 ~ 1,000	−66	100kHz
1,000 ~ 1,559	−60	1MHz
1,559 ~ 1,626.5	−70	1MHz
1,626.5 ~ 12,750	−60	1MHz

(2) 148MHz 초과 150.05MHz 미만의 주파수범위내

이격주파수(kHz)(주1)	등가등방복사전력(dBW)	측정대역폭(kHz)
25 ~ 50	−50	4
50 ~ 125	−55	4
125 이상	−55	4

[주]

1) 이격주파수는 지정주파수로부터 적용함.

바. 반송파를 송신하고 있지 않을 때의 누설전력은 다음의 등가등방복사전력 값을 초과하지 않을 것

주파수범위(MHz)	등가등방복사전력(dBW)	측정대역폭(kHz)
0.1 ~ 30	−87	100
30 ~ 1,000	−87	100
1,000 ~ 12,750	−87	100

사. 이동지구국이 사용하는 주파수는 우주국의 제어신호에 의해 자동적으로 선택되는 것일 것

아. 이동지구국은 우주국의 제어신호를 수신한 경우에 한하여 송신을 개시하는 것일 것

자. 고장을 검출하는 기능을 갖추고, 고장을 검출한 경우에는 1초 이내에 송신을 정지하는 기능을 갖출 것

차. 송신에 사용되는 전파의 편파는 직선 또는 우선원편파일 것

2. 1610MHz～1618.25MHz 주파수의 전파를 사용하는 송신장치의 조건

가. 통신방식은 코드분할 다중접속방식을 사용하는 복신방식일 것

나. 송신에 사용되는 전파형식은 G7W일 것

다. 발사하는 전파의 주파수허용편차는 지정주파수의 $\pm 10\times10^{-6}$ 이내일 것

라. 발사하는 전파에 허용되는 점유주파수대폭의 값은 1.32MHz 이내일 것

마. 송신설비의 스퓨리어스발사의 허용치는 다음의 등가등방복사 전력 값을 초과하지 않을 것

(1) 1610MHz 초과 1628.5MHz 미만의 주파수범위외

주파수범위(MHz)	등가등방복사전력(dBW)	측정대역폭
0.1 ～ 30	−66	10kHz
30 ～ 1000	−66	100kHz
1000 ～ 1559	−60	1MHz
1559 ～ 1573.42	−70	1MHz
1573.42 ～ 1580.42	−70	1MHz
1580.42 ～ 1590	−70	1MHz
1590 ～ 1605	−70	1MHz
1605 ～ 1610	(주2)	1MHz
1610 ～ 1626.5	적용하지 않음	적용하지 않음
1626.5 ～ 1628.5	적용하지 않음	적용하지 않음
1628.5 ～ 1631.5	−60	30kHz
1631.5 ～ 1636.5	−60	100kHz
1636.5 ～ 1646.5	−60	300kHz
1646.5 ～ 1666.5	−60	1MHz
1666.5 ～ 2200	−60	3MHz
2200 ～ 12750	−60	3MHz

[주]

2) 1605MHz-70dBW/MHz에서 1,610MHz-10dBW/MHz까지 선형적으로 이어짐.

(2) 1610MHz 초과 1628.5MHz 미만의 주파수범위내

이격주파수(kHz)(주3)	등가등방복사전력(dBW)	측정대역폭(kHz)
0 ~ 160	−32	30
160 ~ 2,300	−32 ~ −56(주4)	30
2,300 ~ 16,500	−56	30

[주]

3) 지정주파수에서 ±1.225MHz 떨어진 주파수로부터 이격주파수를 적용함. 단, 지정주파수가 1610.730MHz일 경우에는 +1.225MHz 및 −0.73MHz, 1620.570MHz일 경우에는 +0.78MHz 및 −1.225MHz의 이격주파수를 적용함.

4) 선형적으로 이어짐.

바. 반송파를 송신하고 있지 않을 때의 누설전력은 다음의 등가등방복사전력 값을 초과하지 않을 것

주파수대(MHz)	등가등방복사전력(dBW)	측정대역폭(kHz)
0.1 ~ 30	-87	10
30 ~ 1000	-87	100
1000 ~ 12750	-77	100

사. 제1호자목의 조건을 만족할 것

아. 송신에 사용되는 전파의 편파는 좌선원편파일 것

3. 1655.7MHz~1658.9MHz 주파수의 전파를 사용하는 송신장치의 조건

가. 통신방식은 시분할 다중접속방식을 사용하는 복신방식일 것

나. 송신에 사용되는 전파형식은 G7W일 것

다. 발사하는 전파의 주파수허용편차는 지정주파수의 $\pm 10\times10^{-6}$ 이내일 것

라. 발사하는 전파에 허용되는 점유주파수대폭의 값은 31.25kHz 이내일 것

마. 송신설비의 불요발사의 허용치는 다음 값을 초과하지 않을 것

(1) 30MHz 초과 1000MHz 미만의 주파수대역

주파수대(MHz)	전계강도(dB(μV/m))	측정대역폭(kHz)
30~230	30(주5)	120
230~1000	37(주5)	120

[주]

5) 송신설비로부터 10m 떨어진 지점에서 측정한 준첨두값임.

(2) 1000MHz 이상의 주파수대역(1626.5MHz 초과 1662.5MHz 미만의 주파수 대역 제외)

주파수대역 (MHz)	반송파를 송신하는 경우		반송파를 송신하지 않는 경우	
	등가등방 복사전력(dBW)(주6)	측정 대역폭(kHz)	등가등방 복사전력(dBW)(주7)	측정 대역폭(kHz)
1000～1525	−61	1000	−77	100
1525～1559	−61	1000	−97(주6)	100
1559～1600	−70	1000(주8)	−77	100
1600～1605	−70	1000	−77	100
1605～1612.5	−70～−58.5(주9)	1000	−77	100
1612.5～1616.5	−55～−50(주9)	1000	−77	100
1616.5～1621.5	−50～−46(주9)	1000	−77	100
1621.5～1624.5	−60	30	−77	100
1624.5～1625	−60～−57.5(주9)	30	−77	100
1625～1625.125	−57.5～−57.2(주9)	30	−77	100
1625.125～1625.8	−57.2～−50(주9)	30	−77	100
1625.8～1626	−50～−47(주9)	30	−77	100
1626～1626.2	−47～−40(주9)	30	−77	100
1626.2～1626.5	−40	30	−77	100
1662.5～1665.5	−60	30	−77	100
1665.5～1670.5	−60	100	−77	100
1670.5～1680.5	−60	300	−77	100
1680.5～1690.5	−60	1000	−77	100
1690.5～2250	−60	3000	−77	100
2250～12750	−60(주10,11,12)	3000	−77	100

[주]

6) 평균값 측정기법을 사용함.

7) 1000MHz～1525MHz, 1559MHz～1626.5MHz 및 1662.5MHz～12750MHz 주파수에서는 첨두값 측정기법을 사용함.

8) 1573.42MHz～1580.42MHz 주파수에서 평균 측정시간은 20ms임.

9) 주파수에 대해 선형적(dBW)으로 이어짐.

10) 3263MHz～3321MHz 주파수에서 단 한 주파수에서는 측정대역폭 300kHz에서의 등가등방복사전력 값이 위 표의 값을 초과할 수 있으나, −38dBW를 초과하지 않을 것

11) 4894.5MHz~4981.5MHz, 6526MHz~6642MHz 및 8175.5MHz~8302.5MHz 각 주파수에서 단 한 주파수에서는 측정대역폭 300kHz에서의 등가등방복사전력 값이 위 표의 값을 초과할 수 있으나, −48dBW를 초과하지 않을 것
12) 9789MHz~9963MHz 주파수에서 단 한 주파수에서는 측정대역폭 300kHz에서의 등가등방복사전력 값이 위 표의 값을 초과할 수 있으나, −59dBW를 초과하지 않을 것 ◎

(3) 1626.5MHz 이상 1662.5MHz 미만의 주파수대역

(가) 반송파를 송신하는 경우

이격주파수(kHz)(주13)	등가등방복사전력(dBW)(주6)	측정대역폭(kHz)
0~25	0~−15(주9)	3
25~125	−15~−50(주9)	3
125~425	−50	3
425~1500	−50~−65(주9)	3
1500~36000	−65	3

[주]
13) 점유주파수대폭의 양쪽 끝에서 이격된 주파수 ◎

(나) 반송파를 송신하지 않는 경우에는 측정대역폭 100kHz에서의 등가등방복사전력 첨두값이 −77dBW를 초과하지 않을 것

바. 제1호자목의 조건을 만족할 것

사. 송신에 사용되는 전파의 편파는 좌선원편파일 것

＊ 기술기준근거 : 무선설비규칙 제86조

5.7 무선데이터통신용 통신시스템

898MHz~900MHz 및 938MHz~940MHz 주파수의 전파를 사용하는 무선데이터통신용 무선설비는 다음과 같다.

1. 공통조건

가. 통신방식은 단신 또는 복신방식일 것

나. 송신장치에서 발사되는 전파의 형식은 F(G)1C, F(G)1D, F(G)2C, F(G)2D, F(G)7W 중 1 이상을 사용하는 것일 것

2. 기지국 송신장치의 조건

가. 공중선전력은 12W 이하일 것

나. 주파수의 허용편차는 지정주파수의 $\pm 1 \times 10^{-6}$ 이내일 것

다. 점유주파수대폭의 허용치는 10kHz 이하일 것

라. 송신장치에서 방사되는 전력은 무변조 기본파의 평균전력보다 다음 값 이상 감쇠될 것(Fd는 점유주파수대폭의 중심주파수로부터 측정주파수 간의 간격만큼 떨어진 변위 주파수로 단위는 kHz이고, P는 반송파전력으로 단위는 W임)

(1) 점유주파수대폭의 중심주파수로부터 2.5kHz 이상 6.25kHz 미만 떨어진 주파수에서 300Hz 분해대역폭으로 측정한 경우 53log10(Fd/2.5)dB

(2) 점유주파수대폭의 중심주파수로부터 6.25kHz 이상 9.5kHz 미만 떨어진 주파수에서 300Hz 분해대역폭으로 측정한 경우 103log10(Fd/3.9)dB

(3) 점유주파수대폭의 중심주파수로부터 9.5kHz 이상 50kHz 미만 떨어진 주파수에서 300Hz 분해대역폭으로 측정한 경우 157log10(Fd/5.3)dB, 50+10log10(P)dB, 또는 70dB 중 작은 값

(4) 점유주파수대폭의 중심주파수로부터 50kHz 이상 떨어진 주파수에서 43+10log10(P)dB. 단, 1GHz 미만에서는 100kHz 분해대역폭을, 1GHz 이상에서는 1MHz 분해대역폭을 적용함.

3. 이동국 송신장치의 조건

가. 공중선전력은 3W 이하일 것

나. 제2호나목부터 라목까지의 조건을 만족할 것

4. 기지국과 이동국 간의 통신을 중계하는 송신장치의 조건

가. 송신주파수대는 898MHz～900MHz(기지국 방향) 및 938MHz～940MHz(이동국 방향) 이내일 것

나. 공중선전력은 3W 이하일 것

다. 제2호나목부터 라목까지의 조건을 만족할 것

＊ 기술기준근거 : 무선설비규칙 제87조

5.8 주파수공용통신용 통신시스템

800MHz대 주파수의 전파를 사용하는 주파수공용통신용 통신시스템무선설비의 기술기준은 다음과 같다.

5.8.1 아날로그 통신방식의 주파수공용통신용 통신시스템

가. 공통조건

(1) 통신방식은 단신, 반복신 또는 복신방식일 것

(2) 송신에 사용되는 전파형식은 F1D, G1D, F2D, G2D, F3E, G3E, F9W, G9W 중 1 이상을 사용하는 것일 것

나. 기지국 및 이동국의 송신장치의 조건

(1) 주파수변조방식일 것

(2) 변조주파수는 3,000Hz 이내일 것

(3) 주파수편이는 무변조시의 반송주파수의 ±5kHz 이내일 것

(4) 주파수편이가 (3)에 의한 값을 초과하는 것을 방지하는 자동제어장치를 구비할 것. 다만, 송신출력이 2W 이하이거나 음성신호를 송신하지 아니하는 송신장치의 경우는 예외로 한다.

(5) 변조기의 앞쪽에 3kHz부터 15kHz의 각 주파수((F : 단위kHz)에 대한 감쇠량이 1kHz에 의한 감쇠량보다 60Log(F/3)dB 이상인 저역여파기를 구비할 것. 다만, 음성신호를 송신하지 아니하는 송신장치의 경우는 예외로 한다.

(6) 스퓨리어스발사의 허용치는 제5조에 따를 것

(7) 발사전파에 허용되는 점유주파수대폭 값은 16kHz 이내일 것

(8) 인접채널 누설전력은 지정주파수로부터 ±25kHz 떨어진 주파수의 ±8kHz 대역 내에서 복사되는 전력이 기본주파수의 평균전력보다 60dB 이상 낮은 값일 것

(9) 이동국은 4분의 1파장의 무지향성 공중선 1개를 사용할 것

(10) 발진방식은 주파수신서사이저(Synthesizer)방식일 것

(11) 송신하는 전파의 주파수는 수신하는 전파의 주파수보다 45MHz 낮은 것을 자동적으로 선택할 것

(12) 발사전파의 주파수허용편차는 기지국의 경우에는 지정주파수의 $\pm 1.5\times 10^{-6}$ 이내이고, 이동국의 경우에는 지정주파수의 $\pm 2.5\times 10^{-6}$ 이내일 것

다. 이동중계국의 송신장치의 조건

(1) 나목(1)부터 (8)까지의 조건에 적합할 것

(2) 종합 주파수특성은 300Hz부터 3,000Hz까지의 주파수로 최대주파수편이의 20%를 변조한 경우에 5dB 이내일 것

(3) 종합왜와 잡음은 1,000Hz의 주파수로 최대주파수편이의 70%를 변조한 경우에 송신장치의 전 출력과 그중에 포함되는 불요성분의 비가 20dB 이상일 것

(4) 발사전파의 주파수허용편차는 지정주파수의 $\pm 1.5\times 10^{-6}$ 이내일 것

라. 변조부가 없는 이동중계국의 송신장치는 나목의 (6)부터 (8), 다목까지의 (2) 및 (4)의 조건에 적합할 것

5.8.2 디지털 통신방식의 주파수공용통신용 통신시스템

가. 공통조건

(1) 통신방식은 반복신 또는 복신방식일 것

(2) 송신에 사용되는 전파형식은 D1(C,D,E), D2(C,D,E), F1(C,D,E), F2(C,D,E), G1(C,D,E), G2(C,D,E), D7W, F7W, G7W, W7W 중 1 이상을 사용하는 것일 것

나. 송신장치의 조건

(1) 발사전파의 주파수허용편차는 다음과 같을 것

(가) 채널간격이 25kHz인 설비

1) 이동중계국 : 지정주파수의 $\pm 1.5\times 10^{-6}$ 이내

2) 기지국 · 이동국 : 지정주파수의 $\pm 2.5\times 10^{-6}$ 이내

(나) 채널간격이 12.5kHz인 설비

1) 이동중계국 : 지정주파수의 $\pm1\times10^{-6}$ 이내

2) 기지국 · 이동국 : 지정주파수의 $\pm1.5\times10^{-6}$ 이내

(2) 발사전파에 허용되는 점유주파수대폭 값은 다음과 같을 것

(가) 채널간격이 25kHz인 것 : 23kHz 이내

(나) 채널간격이 12.5kHz인 주파수분할 다중접속방식 및 시분할 다중접속방식 : 11.25kHz 이내

(3) 급전선에 공급되는 주파수마다의 불요발사강도의 허용치는 다음과 같을 것. 다만, 다수의 주파수를 급전선에 공급할 수 있는 경우에는 조합이 가능한 단수 및 복수의 주파수에 대해서 다음의 기준을 적용하되, 조합이 복수의 주파수인 경우에는 제일 낮은 주파수의 왼쪽과 제일 높은 주파수의 오른쪽에 대해서 적용한다.

(가) 채널간격이 25kHz인 주파수분할 다중접속방식 및 시분할 다중접속방식은 무변조 반송파의 평균전력보다 다음 값 이상 감쇠될 것

1) 지정주파수로부터 12.5kHz 이상 50kHz 이하 떨어진 주파수에서 300Hz 분해대역폭으로 측정한 경우 116log10(F/6.1)dB(F : 12.5kHz 이상 50kHz 이하의 각 주파수. 단위 kHz.), 50+10log10(P)dB (P : 반송파전력. 단위 W.) 또는 70dB 중 적은 감쇠

2) 지정주파수로부터 50kHz 초과하여 떨어진 주파수에서 30kHz 분해대역폭으로 측정한 경우 43+10log10(P)dB

(나) 채널간격이 25kHz인 주파수도약 다중접속방식은 기본주파수의 첨두포락선전력보다 다음 값 이상 감쇠될 것

1) 지정주파수로부터 12.5kHz 이상 50kHz 이하 떨어진 주파수에서 300Hz 분해대역폭으로 측정한 경우 116log10(F/6.1)dB (F : 12.5kHz 이상 50kHz 이하의 각 주파수. 단위 kHz.), 50+10log10(P)dB(P : 첨두포락선전력. 단위 W.) 또는 80dB 중 적은 감쇠

2) 지정주파수로부터 50kHz 초과하여 떨어진 주파수에서 30kHz 분해대역폭으로 측정한 경우 43+10log10(P)dB

(다) 채널간격이 12.5kHz인 주파수분할 다중접속방식 및 시분할 다중접속방

식은 기본주파수의 첨두포락선전력보다 다음 값 이상 감쇠될 것

1) 지정주파수로부터 5.625kHz 이하 떨어진 주파수에서 100Hz 분해대역폭으로 측정한 경우 0dB

2) 지정주파수로부터 5.625kHz 초과 12.5kHz 이하 떨어진 주파수에서 100Hz 분해대역폭으로 측정한 경우 7.27(F−2.88kHz)dB(F : 5.625kHz 초과 12.5kHz 이하의 각 주파수. 단위 kHz.)

3) 지정주파수로부터 12.5kHz 초과 55.625kHz 이하 떨어진 주파수에서 100Hz 분해대역폭으로 측정한 경우 50+10log10(P)dB (P : 첨두포락선전력. 단위 W.) 또는 70dB 중 적은 감쇠

4) 지정주파수로부터 55.625kHz 초과한 주파수부터 측정주파수 1GHz 이하에서 10kHz 분해대역폭으로 측정한 경우 50+10log10(P)dB 또는 70dB 중 적은 감쇠

5) 측정주파수 1GHz를 초과하는 주파수에서 1MHz 분해대역폭으로 측정한 경우 50+10log10(P)dB 또는 70dB 중 적은 감쇠

다. 변조부가 없는 이동중계국의 송신장치는 나목의 (1)(가)1), 나목의 (1)(나)1), 나목의 (2) 및 (3)의 조건을 만족할 것

＊ 기술기준근거 : 무선설비규칙 제88조

5.9 가입자회선용 통신시스템

2300MHz대 또는 26GHz대의 주파수의 전파를 사용하는 가입자회선(WLL)용 무선설비는 다음과 같다.

1. 2300MHz～2330MHz 및 2370MHz～2400MHz 주파수의 전파를 사용하는 가입자회선(WLL)용 무선설비

가. 공통조건

(1) 통신방식은 코드분할 다중접속방식을 사용하는 복신방식일 것

(2) 송신설비에서 발사되는 전파의 형식은 G7W일 것

(3) 점유주파수대폭은 5MHz 채널간격을 사용하는 경우에는 4.5MHz 이하이고, 10MHz 채널간격을 사용하는 경우에는 9MHz 이하일 것

나. 사업자용 고정국 송신장치의 조건

(1) 발사전파의 주파수허용편차는 지정주파수의 $\pm1\times10^{-7}$ 이내일 것

(2) 송신장치의 불요발사는 다음 조건을 만족할 것

(가) 5MHz 채널간격을 사용하는 무선설비

1) 지정주파수로부터 2.5MHz 초과 3.75MHz 이하 떨어진 주파수대역 내에서 30kHz 분해대역폭으로 측정한 평균전력이 −13dBm 이하일 것

2) 지정주파수로부터 3.75MHz 초과 5MHz 이하 떨어진 주파수대역 내에서 30kHz 분해대역폭으로 측정한 평균전력이 −24dBm 이하일 것

3) 지정주파수로부터 5MHz 초과 50MHz 이하 떨어진 주파수대역 내에서 30kHz 분해대역폭으로 측정한 평균전력이 −30dBm 이하일 것

4) 지정주파수로부터 50MHz 초과 60MHz 이하 떨어진 주파수대역 내에서 300kHz 분해대역폭으로 측정한 평균전력이 −30dBm 이하일 것

5) 지정주파수로부터 60MHz를 초과하는 주파수대에서 1MHz 분해대역폭으로 측정한 평균전력이 −30dBm 이하일 것

(나) 10MHz 채널간격을 사용하는 무선설비

1) 지정주파수로부터 5MHz 초과 7.5MHz 이하 떨어진 주파수대역 내에서 30kHz 분해대역폭으로 측정한 평균전력이 −13dBm 이하일 것

2) 지정주파수로부터 7.5MHz 초과 10MHz 이하 떨어진 주파수대역 내에서 30kHz 분해대역폭으로 측정한 평균전력이 −24dBm 이하일 것

3) 지정주파수로부터 10MHz 초과 100MHz 이하 떨어진 주파수대역 내에서 30kHz 분해대역폭으로 측정한 평균전력이 −30dBm 이하일 것

4) 지정주파수로부터 100MHz 초과 120MHz 이하 떨어진 주파수대역 내에서 300kHz 분해대역폭으로 측정한 평균전력이 −30dBm 이하일 것

5) 지정주파수로부터 120MHz를 초과하는 주파수대에서 1MHz 분해대역폭으로 측정한 평균전력이 −30dBm 이하일 것

(3) 공중선전력은 20W 이하일 것

다. 가입자용 고정국 송신장치의 조건

(1) 발사전파의 주파수허용편차는 사업자용 고정국의 송신주파수보다 70MHz 낮은 주파수에서 ±140Hz 이내일 것

(2) 송신장치의 불요발사는 나호 (2)의 조건을 만족할 것

(3) 사업자용 고정국에서 발사되는 전파의 강도에 따라 공중선전력이 필요 최소한이 되도록 자동으로 제어하는 기능을 가질 것

(4) 공중선전력은 5W 이하일 것

2. 24.25GHz~24.75GHz 및 25.5GHz~26.7GHz의 주파수의 전파를 사용하는 가입자회선(B-WLL)용 무선국의 무선설비

가. 공통조건

(1) 송신장치 및 수신장치는 다음의 대역별 구분에 따라 하나의 대역폭이 40MHz 이내일 것

대역 구분	가입자송신/사업자수신	사업자송신/가입자수신
1	24.27GHz~24.42GHz(150MHz폭)	25.5GHz~25.86GHz(360MHz폭)
2	24.435GHz~24.585GHz(150MHz폭)	25.9GHz~26.26GHz(360MHz폭)
3	24.6GHz~24.75GHz(150MHz폭)	26.3GHz~26.66GHz(360MHz폭)

(2) 통신방식은 시분할 또는 주파수분할 다중접속방식을 사용하는 복신방식일 것

(3) 송신설비에서 발사되는 전파의 형식은 D7W 또는 G7W일 것(단, 제어채널을 사용하는 경우에는 F3X 형식도 가능함)

(4) 점유주파수대폭은 40MHz 이하일 것

나. 사업자용 고정국 송신설비의 조건

(1) 발사전파의 주파수허용편차는 지정주파수의 $\pm 10\times 10^{-6}$ 이내일 것

(2) 송신장치의 불요발사는 다음 조건을 만족할 것

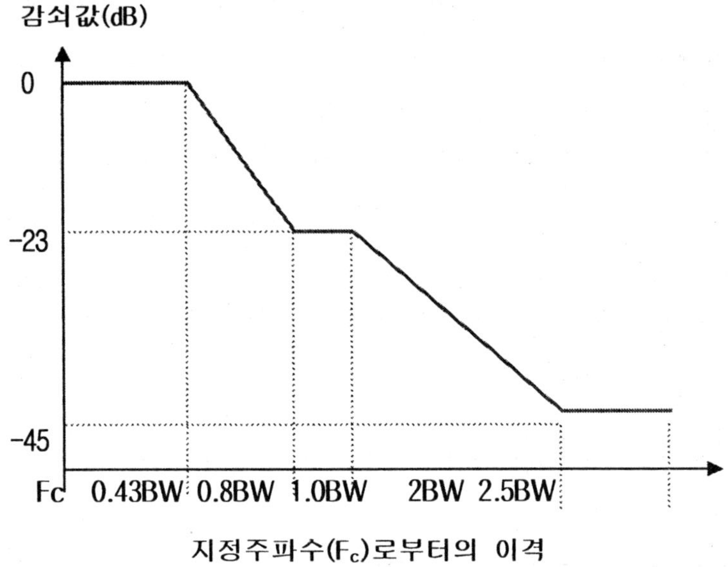

(BW=Rs(1+α), BW=필요주파수대폭, Rs=심볼률, α=Roll-off계수)

(가) 지정주파수를 초과하여 지정주파수 ±2.5BW 이하 떨어진 주파수대역 내에서 100kHz 분해대역폭으로 측정한 전력밀도가 상기 그림에 표기한 감쇠값 이하일 것

(나) 지정주파수 ±2.5BW 초과 25.46GHz∼26.7GHz 주파수대역 내에서 1MHz 분해대역폭으로 측정한 평균전력이 −30dBm 이하일 것(단, 필요주파수대폭이 10MHz 이하인 경우에는 지정주파수 ±2.5BW 초과 70MHz 이하 떨어진 주파수대역 내에서 100kHz 분해대역폭으로 측정한 평균전력이 −30dBm 이하일 것)

(다) 25.46GHz∼25.5GHz, 25.86GHz∼25.9GHz, 26.26GHz∼26.3GHz 및 26.66GHz∼26.7GHz 주파수대역 내에서 100kHz 분해대역폭으로 측정한 평균전력이 −18dBm 이하일 것

(라) 25.46GHz∼26.7GHz 이외의 주파수대역 내에서 1MHz 분해대역폭으로 측정한 평균전력이 −30dBm 이하일 것(단, 1GHz 이하의 주파수대에서 100kHz 분해대역폭으로 측정한 평균전력이 −30dBm 이하일 것)

(3) 공중선전력은 지정주파수마다 2W 이하일 것

(4) 공중선 이득은 25dBi 이하일 것

다. 가입자용 고정국의 송신설비의 조건

(1) 발사전파의 주파수허용편차는 지정주파수의 $\pm 20\times 10^{-6}$ 이내일 것

(2) 송신장치의 불요발사는 다음 조건에 만족할 것(단, 송신장치의 급전선과 분리가 불가능한 경우에는 등방성복사전력으로 측정함)

(가) 지정주파수를 초과하여 지정주파수로부터 2.5BW 이하 떨어진 주파수에서는 나항 (2)호 (가)의 조건을 만족할 것

(나) 지정주파수±2.5BW 초과 24.25GHz～24.77GHz 주파수대역 내에서 1MHz 분해대역폭으로 측정한 평균전력이 －30dBm 이하일 것(단, 필요주파수대폭이 10MHz 이하인 경우에는 지정주파수±2.5BW 초과 70MHz 이하 떨어진 주파수대역 내에서 100kHz 분해대역폭으로 측정한 평균전력이 －30dBm 이하일 것)

(다) 24.25GHz～24.27GHz, 24.42GHz～24.435GHz, 24.585GHz～24.6GHz 및 24.75GHz～24.77GHz 주파수대역 내에서 100kHz 분해대역폭으로 측정한 평균전력이 －18dBm 이하일 것

(라) 24.25GHz～24.77GHz 이외의 주파수대역 내에서 1MHz 분해대역폭으로 측정한 평균전력이 －30dBm 이하일 것(단, 1GHz 이하의 주파수대에서 100kHz 분해대역폭으로 측정한 평균전력이 －30dBm 이하일 것)

(3) 공중선전력은 1W 이하일 것

(4) 공중선은 지향성을 가진 것으로 이득은 35dBi 이하일 것

라. 사업자용 고정국 송신설비와 가입자용 고정국 송신설비를 중계하는 고정국 송신설비

(1) 발사전파의 주파수허용편차는 가입자 방향의 경우 제2호나목(1)의 조건을 만족하고, 사업자 방향은 제2호다목(1)의 조건을 만족할 것

(2) 송신장치의 불요발사는 가입자 방향의 경우 제2호나목(2)의 (나), (다) 및 (라)의 조건을 만족하고, 사업자 방향은 제2호다목(2)의 (나), (다) 및 (라)의 조건을 만족할 것

(3) 공중선전력은 지정주파수마다 1W 이하일 것

(4) 공중선 이득은 가입자 방향의 경우 제2호나목(4)의 조건을 만족하고, 가입자 방향은 제2호다목(4)의 조건을 만족할 것

＊ 기술기준근거 : 무선설비규칙 제89조

5.10 해상이동전화용 무선설비

연근해 및 도서지역의 전기통신역무 제공을 위해 262.035MHz 이상 264.015MHz 이하 및 271.035MHz 이상 273.015MHz 이하의 주파수의 전파를 사용하는 해상이동전화용 무선설비는 다음과 같다.

1. 공통조건

가. 통신방식은 복신방식일 것

나. 송신에 사용되는 전파형식은 F9X 전파(음성, 감시가청음 및 신호음) 및 F1D 전파(광대역데이터)를 사용하는 것일 것

다. 하나의 육상국 통화채널에서 다른 육상국의 통화채널로 자동 전환될 수 있을 것

라. 이동국에서 사용하는 전파는 육상국에 의해 자동적으로 선택되어지는 것일 것

마. 이동국용 설비는 공중선전력이 필요 최소한으로 운용되도록 자동적으로 제어하는 기능을 가지는 것일 것

바. 육상국용 설비는 전기통신회선설비에 접속이 가능할 것

2. 송신장치의 조건

가. 변조에 사용되는 주파수편이는 무변조시 반송주파수보다 다음의 편이값을 가질 것

(1) 음 성 : ±12kHz 이내

(2) 감시가청음 : ±2kHz(±10%) 이내

(3) 신호음 및 광대역데이터 : ±8kHz(±10%) 이내

나. 주파수편이가 가목에 의한 값을 초과하는 것을 방지하는 자동제어장치를 갖출 것

다. 자동제어장치와 음성변조기의 사이에는 다음 각 변조주파수에서의 감쇠량이 1kHz의 값에 비해 다음 표에 의한 감쇠량 이상을 갖는 저역여파기를 갖출 것

변 조 주 파 수	감 쇠 량
3kHz 초과 5.9kHz 이하	40log10(F/3)dB
5.9kHz 초과 6.1kHz 이하	35dB
6.1kHz 초과 15kHz 이하	40log10(F/3)dB
15kHz 초과	28dB

[주]

* F : 3kHz부터 15kHz 사이의 각 주파수(단위 : kHz)를 말한다.(이하 같다.) ◎

라. 발사전파의 주파수허용편차는 다음과 같을 것

(1) 육상국 : 할당된 주파수의 $\pm 1.5\times10^{-6}$ 이내

(2) 이동국 : 할당된 주파수의 $\pm 2.5\times10^{-6}$ 이내

마. 발사전파에 허용되는 점유주파수대폭 값은 40kHz 이내이고, 발사전파의 평균전력의 감쇠량은 300Hz의 분해대역폭으로 측정한 경우 무변조시 반송파의 평균전력보다 다음 표의 구분에 따른 감쇠량 이상일 것

(1) 음성 및 감시가청음

반송주파수와의 간격	감 쇠 량
20kHz 초과 45kHz 이하	26dB
45kHz 초과 제1차 반송주파수 이하	63+10log10(PY)dB 또는 80dB 중 더 적은 감쇠

[주]

* PY : 무변조시 반송파의 평균전력(단위 : W)을 말한다(이하 같다). ◎

(2) 광대역데이터 및 신호음(신호음은 이동국에 한함)

반송주파수와의 간격	감 쇠 량
20kHz 초과 45kHz 이하	26dB
45kHz 초과 60kHz 이하	45dB
60kHz 초과 90kHz 이하	65dB
90kHz 초과 제1차 반송주파수 이하	63+10log10(PY)dB 또는 80dB 중 더 적은 감쇠

바. 급전선에 공급되는 주파수마다의 스퓨리어스발사의 허용치는 송신급전단에서 30kHz의 분해대역폭으로 측정한 경우 무변조시반송파의 평균전력보다 43+10log10(PY)dB 이하일 것

사. 이동국으로부터 발사된 육상국 송신주파수 범위에 있는 전파의 평균전력은 제2호 마목에 불구하고 송신급전단에서 30kHz의 분해대역폭으로 측정한 경우 −80dBm을 초과하지 아니할 것

3. 측정방법

본문 제2호 송신장치의 조건 중 가목에 의한 주파수편이, 다목에 의한 저역여파기의 감쇠량, 마목 및 바목에 의한 발사전파의 감쇠량 및 스퓨리어스발사의 측정방법은 한국정보통신기술협회의 "800MHz대 디지털 이동전화 이동국의 최소표준" 및 "800MHz대 디지털 이동전화 무선인터페이스 표준"에 의한다.

*** 기술기준근거 : 무선설비규칙 제90조**

5.11 이동통신용 통신시스템

5.11.1 1920MHz～1940MHz 및 2110MHz～2130MHz 이동통신용 무선설비

1920MHz～1940MHz 및 2110MHz～2130MHz 주파수의 전파를 사용하는 이동통신용 무선설비의 기술기준은 다음과 같다

1. 공통조건

가. 통신방식은 다중반송파방식이며 주파수분할 복신방식일 것(다만, 이동통신 핸드오프를 위해 기지국에 부가적으로 설치하는 장치는 단향통신방식을 사용할 수 있다.)

나. 발사전파의 전파형식은 G7W, G7D, D7W, D7D 중 1 이상을 사용하는 것일 것

다. 점유주파수대폭의 허용치는 다음과 같을 것

(1) 발사전파의 반송파가 하나인 경우 : 1.32MHz 이내

(2) 발사전파의 반송파가 세 개인 경우 : 4.8MHz 이내

라. 1920.3MHz, 1940.3MHz, 2110.3MHz, 2130.3MHz 경계주파수로부터 가장 가까운 중심주파수의 이격조건은 다음과 같을 것

(1) 발사전파의 반송파가 하나인 경우 : 경계주파수로부터 최소한 1.25MHz 이상 이격

(2) 발사전파의 반송파가 세 개인 경우 : 경계주파수로부터 최소한 2.5MHz 이상 이격

2. 기지국 송신장치(이동통신 핸드오프를 위해 기지국에 부가적으로 설치하는 장치를 포함한다)의 조건

가. 발사전파의 주파수허용편차는 지정주파수의 $\pm 5\times 10^{-8}$ 이내일 것

나. 공중선전력은 지정주파수마다 25W 이하일 것

다. 송신장치의 불요발사는 다음 조건을 만족할 것(다중반송파를 사용하는 경우에는 가장 낮은 지정주파수와 가장 높은 지정주파수로부터 바깥쪽 주파수에 대하여만 적용한다)

(1) 지정주파수로부터 ±885kHz 이상 ±1.25MHz 미만 떨어진 주파수에서 30kHz 분해대역폭으로 측정한 경우 기본주파수의 평균전력보다 45dB 이상 낮을 것(단, 반송파가 하나인 경우에만 적용한다)

(2) 지정주파수로부터 ±1.25MHz 이상 ±1.45MHz 미만 떨어진 주파수에서 30kHz 분해대역폭으로 측정한 평균전력이 −13dBm 이하일 것

(3) 지정주파수로부터 ±1.45MHz 이상 ±2.25MHz 미만 떨어진 주파수에서 30kHz 분해대역폭으로 측정한 평균전력이 $-[13+17\times(\Delta f-1.45\text{MHz})]$dBm 이하일 것 ($\Delta f$는 측정주파수와 지정주파수의 간격을 말하며 이하 본조에서 같다.)

(4) 지정주파수로부터 ±2.25MHz 이상 ±4MHz 미만 떨어진 주파수에서 1MHz 분해대역폭으로 측정한 평균전력이 −13dBm 이하일 것

(5) 지정주파수로부터 ±4MHz 이상 떨어진 주파수에서 불요발사는 다음 조건을 만족할 것

(가) 9kHz 이상 150kHz 미만의 주파수에서 1kHz 분해대역폭으로 측정한 평

균전력이 －13dBm 이하일 것

(나) 150kHz 이상 30MHz 미만의 주파수에서 10kHz 분해대역폭으로 측정한 평균전력이 －13dBm 이하일 것

(다) 30MHz 이상 1GHz 미만의 주파수에서 100kHz 분해대역폭으로 측정한 평균전력이 －13dBm 이하일 것

(라) 1GHz 이상 12.75GHz 미만의 주파수에서 1MHz 분해대역폭으로 측정한 평균전력이 －13dBm 이하일 것

라. 전기통신회선설비와 접속할 수 있는 것일 것

3. 기지국 수신장치의 부차적 전파발사 조건

가. 1920MHz 이상 1980MHz 미만의 주파수에서 30kHz 분해대역폭으로 측정한 평균전력이 －80dBm 이하일 것

나. 2110MHz 이상 2170MHz 미만의 주파수에서 30kHz 분해대역폭으로 측정한 평균전력이 －60dBm 이하일 것

다. 30MHz 이상 1GHz 미만의 주파수에서 100kHz 분해대역폭으로 측정한 평균전력이 －57dBm 이하일 것

라. 1GHz 이상 12.75GHz 미만의 주파수에서 1MHz 분해대역폭으로 측정한 평균전력이 －47dBm 이하일 것

4. 이동국 송신장치의 조건

가. 발사전파의 주파수허용편차는 지정주파수의 ±150Hz 이내일 것

나. 공중선전력은 2W 이하일 것

다. 송신장치의 불요발사는 다음 조건을 만족할 것

(1) 칩 속도(chip rate) 1.2288Mcps인 경우

(가) 지정주파수로부터 ±1.25MHz 이상 ±1.98MHz 미만 떨어진 주파수에서 30kHz 분해대역폭으로 측정한 경우 기본주파수의 평균전력보다 42dB 이상 낮거나, 1.23MHz 분해대역폭으로 측정한 평균전력이 －54dBm 이하일 것

(나) 지정주파수로부터 ±1.98MHz 이상 ±2.25MHz 미만 떨어진 주파수에서 30kHz 분해대역폭으로 측정한 경우 기본주파수의 평균전력보다 50dB 이상 낮거나, 1.23MHz 분해대역폭으로 측정한 평균전력이 －54dBm 이하일 것

(다) 지정주파수로부터 ±2.25MHz 이상 ±4MHz 미만 떨어진 주파수에서 1MHz 분해대역폭으로 측정한 평균전력이 $-[13+1\times(\Delta f-2.25MHz)]$dBm 이하일 것

(라) 지정주파수로부터 ±4MHz 이상 떨어진 주파수에서 불요발사는 다음 조건을 만족할 것

1) 9kHz 이상 150kHz 미만의 주파수에서 1kHz 분해대역폭으로 측정한 평균전력이 −36dBm 이하일 것

2) 150kHz 이상 30MHz 미만의 주파수에서 10kHz 분해대역폭으로 측정한 평균전력이 −36dBm 이하일 것

3) 30MHz 이상 1GHz 미만의 주파수에서 100kHz 분해대역폭으로 측정한 평균전력이 −36dBm 이하일 것

4) 1GHz 이상 12.75GHz 미만의 주파수에서 1MHz 분해대역폭으로 측정한 평균전력이 −30dBm 이하일 것

(2) 칩 속도(chip rate)가 3.6864Mcps인 경우

(가) 지정주파수로부터 ±2.5MHz 이상 ±2.7MHz 미만 떨어진 주파수에서 30kHz 분해대역폭으로 측정한 평균전력이 −14dBm 이하일 것

(나) 지정주파수로부터 ±2.7MHz 이상 ±3.5MHz 미만 떨어진 주파수에서 30kHz 분해대역폭으로 측정한 평균전력이 $-[14+15\times(\Delta f-2.7MHz)]$dBm 이하일 것

(다) 지정주파수로부터 ±3.08MHz 떨어진 주파수에서 3.84MHz 분해대역폭으로 측정한 평균전력이 기본주파수의 평균전력보다 33dB 이상 낮을 것

(라) 지정주파수로부터 ±3.5MHz 이상 ±7.5MHz 미만 떨어진 주파수에서 1MHz 분해대역폭으로 측정한 평균전력이 $-[13+1\times(\Delta f-3.5MHz)]$dBm 이하일 것

(마) 지정주파수로부터 ±7.5MHz 이상 ±8.5MHz 미만 떨어진 주파수에서 1MHz 분해대역폭으로 측정한 평균전력이 $-[17+10\times(\Delta f-7.5MHz)]$dBm 이하일 것

(바) 지정주파수로부터 ±8.08MHz 떨어진 주파수에서 3.84MHz 분해대역폭으로 측정한 평균전력이 기본주파수의 평균전력보다 43dB 이상 낮을 것

(사) 지정주파수로부터 ±8.5MHz 이상 ±12.5MHz 미만 떨어진 주파수에서 1MHz 분해대역폭으로 측정한 평균전력이 −27dBm 이하일 것

(아) 지정주파수로부터 ±12.5MHz 이상 떨어진 주파수에서 불요발사는(1)의 (라)의 조건을 만족할 것

라. 이동국에서 사용하는 전파는 기지국에 의해 자동적으로 선택되어지는 것일 것
마. 공중선전력이 필요 최소한으로 운용되도록 자동적으로 제어하는 기능을 가지는 것일 것
바. 각 이동국을 식별할 수 있는 전자적 고유번호를 탑재할 것
사. 824MHz～849MHz 및 869MHz～894MHz, 1750MHz～1780MHz 및 1840MHz～1870MHz 주파수의 전파를 사용하는 이동통신망과의 공동사용(로밍)을 위한 이동국은 제4호가목부터 바목 외에 제82조제1호 및 제3호 또는 제83조제1호 및 제3호의 조건을 만족할 것
5. 이동국 수신장치의 부차적 전파발사의 조건
가. 1920MHz 이상 1980MHz 미만의 주파수에서 1MHz 분해대역폭으로 측정한 평균전력이 －61dBm 이하일 것
나. 2110MHz 이상 2170MHz 미만의 주파수에서 1MHz 분해대역폭으로 측정한 평균전력이 －76dBm 이하일 것
다. 30MHz 이상 1GHz 미만의 주파수에서 100kHz 분해대역폭으로 측정한 평균전력이 －57dBm 이하일 것
라. 1GHz 이상 12.75GHz 미만의 주파수에서 1MHz 분해대역폭으로 측정한 평균전력이 －47dBm 이하일 것
6. 이동국의 국가 간 이동사용을 위한 조건
가. 기지국으로부터 호 설정을 위한 적절한 신호를 수신한 경우에만 송신이 가능하도록 설계되거나, 기타 다른 방법에 의해 유해전파를 발사하지 않을 수 있음을 입증할 수 있을 것
나. 유해한 전파발사를 감지한 경우 기지국으로부터 전파발사를 중단하거나 이를 저감할 수 있을 것
7. 기지국과 이동국 간의 통신을 중계하는 장치의 조건
가. 공중선전력은 제2호나목의 조건을 만족할 것
나. 발사전파의 주파수허용편차는 지정주파수의 $\pm 5\times10^{-8}$ 이내일 것
다. 송신장치의 불요발사는 제2호다목의 조건을 만족할 것
라. 수신장치의 부차적 전파발사는 제3호의 조건을 만족할 것

8. 무선국의 개설절차에 적합하여 운영 중인 기지국과 중계장치는 할당대역 바깥쪽 주파수에 대해서만 제2호 및 제7호의 불요발사 규정을 적용한다.

5.11.2 1940MHz~1960MHz, 1960MHz~1980MHz 및 2130MHz~2150MHz, 2150MHz~2170MHz 이동통신용 통신시스템

1940MHz~1960MHz, 1960MHz~1980MHz 및 2130MHz~2150MHz, 2150MHz~2170MHz 주파수의 전파를 사용하는 이동통신용 무선설비의 기술기준은 다음과 같다.

1. 공통조건

가. 통신방식은 직접확산방식이며 주파수분할복신방식일 것(다만, 이동통신 핸드오프를 위해 기지국에 부가적으로 설치하는 장치는 단향통신방식을 사용할 수 있다.)

나. 발사전파의 전파형식은 G7W, G7D, D7W, D7D 중 1 이상을 사용하는 것일 것

다. 점유주파수대폭의 허용치는 5MHz 이내일 것

라. 1940.3MHz, 1960MHz, 1979.7MHz, 2130.3MHz, 2150MHz, 2169.7MHz 경계주파수로부터 가장 가까운 중심주파수의 이격조건은 경계주파수로부터 최소한 2.5MHz 이상을 이격할 것

2. 기지국 송신장치(이동통신 핸드오프를 위해 기지국에 부가적으로 설치하는 장치를 포함한다)의 조건

가. 발사전파의 주파수허용편차는 지정주파수의 $\pm 5\times10^{-8}$ 이내일 것

나. 공중선전력은 지정주파수마다 40W 이하일 것

다. 송신장치의 불요발사는 다음 조건을 만족할 것

(1) 기본주파수의 평균전력이 43dBm 이상인 경우

(가) 지정주파수로부터 ±2.5MHz 이상 ±2.7MHz 미만 떨어진 주파수에서 30kHz 분해대역폭으로 측정한 평균전력이 −12.5dBm 이하일 것

(나) 지정주파수로부터 ±2.7MHz 이상 ±3.5MHz 미만 떨어진 주파수에서 30kHz 분해대역폭으로 측정한 평균전력이 $-[12.5+15\times(\Delta f-2.7)]$dBm 이하일 것

(다) 지정주파수로부터 ±3.5MHz 이상 ±7.5MHz 미만 떨어진 주파수에서 1MHz 분해대역폭으로 측정한 평균전력이 −11.5dBm 이하일 것

(라) 지정주파수로부터 ±7.5MHz 이상 ±12.5MHz 미만 떨어진 주파수(지정주파수로부터 전체송신주파수대역 끝까지의 이격이 12.5MHz 이상인 경우에는 전체송신주파수대역의 끝까지 적용한다)에서 1MHz 분해대역폭으로 측정한 평균전력이 −11.5dBm 이하일 것

(2) 기본주파수의 평균전력이 39dBm 이상 43dBm 미만인 경우 다음 조건을 만족할 것

(가) 지정주파수로부터 ±2.5MHz 이상 ±2.7MHz 미만 떨어진 주파수에서 30kHz 분해대역폭으로 측정한 평균전력이 −12.5dBm 이하일 것

(나) 지정주파수로부터 ±2.7MHz 이상 ±3.5MHz 미만 떨어진 주파수에서 30kHz 분해대역폭으로 측정한 평균전력이 −[12.5+15×(△f−2.7)]dBm 이하일 것

(다) 지정주파수로부터 ±3.5MHz 이상 ±7.5MHz 미만 떨어진 주파수에서 1MHz 분해대역폭으로 측정한 평균전력이 −11.5dBm 이하일 것

(라) 지정주파수로부터 ±7.5MHz 이상 ±12.5MHz 미만 떨어진 주파수(지정주파수로부터 전체 송신주파수대역 끝까지의 이격이 12.5MHz 이상인 경우에는 전체송신주파수대역의 끝까지 적용한다)에서 1MHz 분해대역폭으로 측정한 평균전력이 [기본주파수의 평균전력 −54.5]dBm 이상 낮을 것

(3) 기본주파수의 평균전력이 31dBm 이상 39dBm 미만인 경우 다음 조건을 만족할 것

(가) 지정주파수로부터 ±2.5MHz 이상 ±2.7MHz 미만 떨어진 주파수에서 30kHz 분해대역폭으로 측정한 평균전력이 [기본주파수의 평균전력 −51.5]dBm 이상 낮을 것

(나) 지정주파수로부터 ±2.7MHz 이상 ±3.5MHz 미만 떨어진 주파수에서 30kHz 분해대역폭으로 측정한 평균전력이 [기본주파수의 평균전력 −[51.5+15×(△f−2.7)]]dBm 이상 낮을 것

(다) 지정주파수로부터 ±3.5MHz 이상 ±7.5MHz 미만 떨어진 주파수에서 1MHz 분해대역폭으로 측정한 평균전력이 [기본주파수의 평균전력 −50.5]dBm 이상 낮을 것

(라) 지정주파수로부터 ±7.5MHz 이상 ±12.5MHz 미만 떨어진 주파수(지정주파수로부터 전체송신주파수대역 끝까지의 이격이 12.5MHz 이상인 경우에는 전체송신주파수대역의 끝까지 적용한다)에서 1MHz 분해대역폭으로 측정한 평균전력이 [기본주파수의 평균전력 −54.5]dBm 이상 낮을 것

(4) 기본주파수의 평균전력이 31dBm 미만인 경우 다음 조건을 만족할 것

(가) 지정주파수로부터 ±2.5MHz 이상 ±2.7MHz 미만 떨어진 주파수에서 30kHz 분해대역폭으로 측정한 평균전력이 −20.5dBm 이하일 것

(나) 지정주파수로부터 ±2.7MHz 이상 ±3.5MHz 미만 떨어진 주파수에서 30kHz 분해대역폭으로 측정한 평균전력이 −[20.5+15×(△f−2.7)]dBm 이하일 것

(다) 지정주파수로부터 ±3.5MHz 이상 ±7.5MHz 미만 떨어진 주파수에서 1MHz 분해대역폭으로 측정한 평균전력이 −19.5dBm 이하일 것

(라) 지정주파수로부터 ±7.5MHz 이상 ±12.5MHz 미만 떨어진 주파수(지정주파수로부터 전체송신주파수대역 끝까지의 이격이 12.5MHz 이상인 경우에는 전체 송신주파수대역의 끝까지 적용한다)에서 1MHz 분해대역폭으로 측정한 평균전력이 −23.5dBm 이하일 것

(5) 지정주파수로부터 ±12.5MHz 이상 떨어진 주파수에서 불요발사는 제1항 제2호다목(5)의 조건을 만족할 것

라. 인접채널 누설전력은 가장 낮은 지정주파수와 가장 높은 지정주파수로부터 바깥쪽으로 5MHz 떨어진 주파수의 경우 3.84MHz 대역 내에 복사되는 전력이 기본주파수의 평균전력보다 44.2dB 이상 낮은 값이고, 10MHz 떨어진 주파수의 경우 3.84MHz 대역 내에 복사되는 전력이 기본주파수의 평균전력보다 49.2dB 이상 낮은 값일 것

마. 전기통신회선설비와 접속할 수 있는 것일 것

3. 기지국 수신장치의 부차적 전파발사 조건

가. 1920MHz 이상 1980MHz 미만의 주파수에서 3.84MHz 분해대역폭으로 측정한 평균전력이 −78dBm 이하일 것

나. 30MHz 이상 1GHz 미만의 주파수에서 100kHz 분해대역폭으로 측정한 평균전력이 −57dBm 이하일 것

다. 1GHz 이상 12.75GHz 미만의 주파수에서 1MHz 분해대역폭으로 측정한 평

균전력이 −47dBm 이하일 것

4. 이동국 송신장치의 조건

가. 발사전파의 주파수허용편차는 지정주파수의 $\pm 0.1 \times 10^{-6}$ 이내일 것

나. 공중선전력은 2W 이하일 것

다. 송신장치의 불요발사는 다음 조건을 만족할 것(다만, 지정주파수로부터 ±2.5MHz 이상 ±12.5MHz 미만 떨어진 주파수에서 3.84MHz 분해대역폭으로 측정한 평균전력이 −50dBm을 초과하지 않거나 아래 (1)부터 (4)까지 만족할 것)

(1) 지정주파수로부터 ±2.5MHz 이상 ±3.5MHz 미만 떨어진 주파수에서 30kHz 분해대역폭으로 측정한 경우 기본주파수의 평균전력보다 $-[33.5 + 15 \times (\Delta f - 2.5\text{MHz})]$ dB 이상 낮을 것

(2) 지정주파수로부터 ±3.5MHz 이상 ±7.5MHz 미만 떨어진 주파수에서 1MHz 분해대역폭으로 측정한 경우 기본주파수의 평균전력보다 $-[33.5 + 1 \times (\Delta f - 3.5\text{MHz})]$dB 이상 낮을 것

(3) 지정주파수로부터 ±7.5MHz 이상 ±8.5MHz 미만 떨어진 주파수에서 1MHz 분해대역폭으로 측정한 경우 기본주파수의 평균전력보다 $-[37.5 + 10 \times (\Delta f - 7.5\text{MHz})]$dB 이상 낮을 것

(4) 지정주파수로부터 ±8.5MHz 이상 ±12.5MHz 미만 떨어진 주파수에서 1MHz 분해대역폭으로 측정한 경우 기본주파수의 평균전력보다 −47.5dB 이상 낮을 것

(5) 지정주파수로부터 ±12.5MHz 이상 떨어진 주파수에서 불요발사는 제1항 제4호다목(1)(라)의 조건을 만족할 것

라. 인접채널 누설전력은 가장 낮은 지정주파수와 가장 높은 지정주파수로부터 바깥쪽으로 5MHz 떨어진 주파수의 경우 3.84MHz 대역 내에 복사되는 전력이 기본주파수의 평균전력보다 32.2dB 이상 낮은 값이고, ±10MHz 떨어진 주파수의 경우 3.84MHz 대역 내에 복사되는 전력이 기본주파수의 평균전력보다 42.2dB 이상 낮은 값일 것

마. 이동국에서 사용하는 전파는 기지국에 의해 자동적으로 선택되어지는 것일 것

바. 공중선전력이 필요 최소한으로 운용되도록 자동적으로 제어하는 기능을 가지는 것일 것

사. 각 이동국을 식별할 수 있는 전자적 고유번호를 탑재할 것

아. 어떤 전기통신사업자의 범용가입자식별모듈(USIM)을 탑재하여도 음성통화서비스, 영상통화서비스, 발신자번호표시 및 단문메시지서비스를 지원할 것

자. 824MHz～849MHz 및 869MHz～894MHz, 1750MHz～1780MHz 및 1840MHz～1870MHz 주파수의 전파를 사용하는 이동통신망과의 공동사용(로밍)을 위한 이동국은 가목부터 아목 외에 제82조제1호 및 제3호 또는 제83조제1호 및 제3호의 조건을 만족할 것

5. 이동국 수신장치의 부차적 전파발사의 조건

가. 1920MHz 이상 1980MHz 미만의 주파수에서 3.84MHz 분해대역폭으로 측정한 평균전력이 －60dBm 이하일 것

나. 2110MHz 이상 2170MHz 미만의 주파수에서 3.84MHz 분해대역폭으로 측정한 평균전력이 －60dBm 이하일 것

다. 30MHz 이상 1GHz 미만의 주파수에서 100kHz 분해대역폭으로 측정한 평균전력이 －57dBm 이하일 것

라. 1GHz 이상 12.75GHz 미만의 주파수에서 1MHz 분해대역폭으로 측정한 평균전력이 －47dBm 이하일 것

6. 이동국의 국가 간 이동사용을 위한 조건은 제1항제6호가목 및 나목을 준용한다.

7. 기지국과 이동국 간의 통신을 중계하는 장치의 조건

가. 발사전파의 주파수허용편차는 지정주파수의 $\pm 1\times 10^{-8}$ 이내일 것

나. 공중선전력은 제2항제2호나목의 조건을 만족할 것

다. 송신장치의 불요발사는 제2항제2호다목의 조건을 만족할 것

라. 수신장치의 부차적 전파발사 조건은 제2항제3호의 조건을 만족할 것

8. 무선국의 개설절차에 적합하여 운영 중인 기지국과 중계장치는 할당대역 바깥쪽 주파수에 대해서만 제2호 및 제7호의 불요발사 규정을 적용한다.

5.11.3 1920MHz～1980MHz 및 2110MHz～2170MHz 이동통신용 통신시스템

1920MHz～1980MHz 및 2110MHz～2170MHz 주파수의 전파를 사용하는 이동통신용 무선설비의 기술기준은 다음과 같다.

1. 공통조건

가. 송신주파수대의 구분

(1) 1920MHz～1980MHz(기지국 방향), 2110MHz～2170MHz(이동국 방향)

(2) 1920MHz～1960MHz(기지국 방향), 2110MHz～2150MHz(이동국 방향)

(3) 1940MHz～1980MHz(기지국 방향), 2130MHz～2170MHz(이동국 방향)

(4) 1920MHz～1940MHz, 1960MHz～1980MHz(기지국 방향), 2110MHz～2130MHz, 2150MHz～2170MHz(이동국 방향)

나. 통신방식은 1920MHz～1940MHz 및 2110MHz～2130MHz 주파수에서는 제1항제1호가목을 만족하고, 1940MHz～1980MHz 및 2130MHz～2170MHz 주파수에서는 제2항제1호가목의 조건을 만족할 것

다. 발사전파의 전파형식은 제1항제1호나목의 조건을 만족할 것

라. 점유주파수대폭의 허용치는 1920MHz～1940MHz 및 2110MHz～2130MHz 주파수에서는 제1항제1호다목을 만족하고, 1940MHz～1980MHz 및 2130MHz～2170MHz 주파수에서는 제2항제1호다목의 조건을 만족할 것

마. 경계주파수로부터의 이격조건은 제1항제1호라목 및 제2항제1호라목의 조건을 만족할 것

2. 기지국 송신장치(이동통신 핸드오프를 위해 기지국에 부가적으로 설치하는 장치를 포함한다)의 조건은 1920MHz～1940MHz 및 2110MHz～2130MHz 주파수에서는 제1항제2호의 조건을 만족하고, 1940MHz～1980MHz 및 2130MHz～2170MHz 주파수에서는 제2항제2호의 조건을 만족할 것

3. 기지국 수신장치의 부차적 전파발사는 1920MHz～1940MHz 및 2110MHz～2130MHz 주파수에서는 제1항제3호를 만족하고 1940MHz～1980MHz 및 2130MHz～2170MHz 주파수에서는 제2항제3호의 조건을 만족할 것

4. 기지국과 이동국 간의 통신을 중계하는 장치의 조건은 1920MHz～1940MHz

및 2110MHz～2130MHz 주파수에서는 제1항제7호의 조건을 만족하고, 1940MHz～1980MHz 및 2130MHz～2170MHz 주파수에서는 제2항제7호의 조건을 만족할 것

5. 무선국의 개설절차에 적합하여 운영 중인 기지국과 중계장치는 할당대역 바깥쪽 주파수에 대해서만 제2호 및 제4호의 불요발사 규정을 적용한다.

＊ 기술기준근거 : 무선설비규칙 제91조.

5.12 휴대인터넷용 통신시스템

5.12.1 2300MHz～2390MHz 점유주파수대폭이 9MHz 이하 휴대인터넷용 통신시스템

2300MHz～2390MHz 주파수의 전파를 사용하는 점유주파수대폭이 9MHz 이하인 휴대인터넷용 무선설비의 기술기준은 다음과 같다.

1. 공통조건

가. 통신방식은 직교주파수분할 다중접속방식(OFDMA)을 사용하는 시분할 복신방식일 것(단, 이동통신 핸드오프를 위해 기지국에 부가적으로 설치하는 장치는 시분할 단향통신방식을 사용할 수 있다)

나. 송신장치에서 발사되는 전파의 형식은 G7D, D7D, D7W, G7W 또는 W7W 중 1 이상을 사용하는 것일 것

다. 채널할당은 〈표 5-1〉과 같을 것

〈표 5-1〉 점유주파수대폭이 9MHz 이하인 휴대인터넷 채널할당
(무선설비규칙 제92조제1항제1호다목 관련)

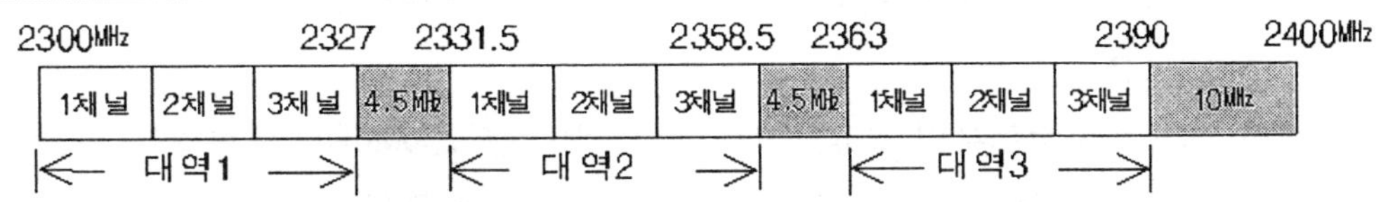

주) 1개 채널대역폭 : 9MHz, ■ 보호대역

2. 기지국 송신장치의 조건

가. 발사전파의 주파수허용편차는 다음 조건을 만족할 것

(1) 기본주파수의 평균전력이 40dBm 이상인 경우

(가) 지정주파수의 $\pm 2 \times 10^{-8}$ 이내일 것

(2) 기본주파수의 평균전력이 40dBm 미만인 경우

(가) 지정주파수의 $\pm 5 \times 10^{-8}$ 이내일 것

나. 송신장치의 불요발사는 다음 조건을 만족할 것

(1) 기본주파수의 평균전력이 40dBm 이상인 경우

(가) 지정주파수로부터 ±4.77MHz 이상 떨어진 주파수에서 100kHz 분해대역폭으로 측정한 평균전력밀도가 기본주파수대역 내의 최대평균전력밀도보다 37.5dB 이상 낮을 것

(나) 사업자 간 불요파는 사업자 간 인접 지정주파수로부터 ±9.27MHz 이상 떨어진 주파수에서 100kHz 분해대역폭으로 측정한 평균전력밀도가 기본주파수대역의 최대평균전력밀도보다 60dB 이상 낮을 것

(2) 기본주파수의 평균전력이 29dBm 이상 40dBm 미만인 경우

(가) 지정주파수로부터 ±4.77MHz 이상 떨어진 주파수에서 100kHz 분해대역폭으로 측정한 평균전력밀도가 기본주파수대역 내의 최대평균전력밀도보다 34.5dB 이상 낮을 것

(나) 사업자 간 불요파는 사업자 간 인접 지정주파수로부터 ±9.27MHz 이상 떨어진 주파수에서 1MHz 분해대역폭으로 측정한 평균전력이 −29dBm 이하일 것

(3) 기본주파수의 평균전력이 29dBm 미만인 경우

(가) 지정주파수로부터 ±4.77MHz 이상 떨어진 주파수에서 1MHz 분해대역폭으로 측정한 평균전력이 −14.5dBm 이하일 것

(나) 사업자 간 불요파는 사업자 간 인접 지정주파수로부터 ±9.27MHz 이상 떨어진 주파수에서 1MHz 분해대역폭으로 측정한 평균전력이 −29dBm 이하일 것

(4) 지정주파수로부터 ±22.5MHz 이상 떨어진 2300MHz~2390MHz 주파수대역 외에서 불요발사는 다음의 공통 조건을 만족할 것

(가) 30MHz 이상 1GHz 미만의 주파수에서 100kHz 분해대역폭으로 측정한 평균전력이 －13dBm 이하일 것

(나) 1GHz 이상 12.75GHz 미만의 주파수에서 1MHz 분해대역폭으로 측정한 평균전력이 －13dBm 이하일 것

다. 공중선전력은 지정주파수마다 평균전력 40W 이하로 하며 공중선전력과 공중선이득의 합이 안테나당 63dBm 이하일 것

3. 이동국의 송신장치의 조건

가. 발사전파의 주파수허용편차는 동기된 기지국주파수 기준으로 ±200Hz 이내일 것

나. 송신장치의 불요발사는 다음 조건에 만족할 것

(1) 기본주파수의 평균전력이 23dBm 이하인 경우

(가) 지정주파수로부터 ±4.77MHz 이상 ±9.27MHz 미만 떨어진 주파수에서 100kHz 분해대역폭으로 측정한 평균전력밀도가 기본주파수대역의 최대평균전력밀도보다 [26＋7×{(Δf－4.77MHz)/4.5MHz}]dB 이상 낮을 것

(나) 지정주파수로부터 ±9.27MHz 이상 ±13.23MHz 미만 떨어진 주파수에서 100kHz 분해대역폭으로 측정한 평균전력밀도가 기본주파수대역의 최대평균전력밀도보다 [33＋4×{(Δf－9.27MHz)/3.96MHz}]dB 이상 낮을 것

(다) 지정주파수로부터 ±13.23MHz 이상 ±17.73MHz 미만 떨어진 주파수에서 100kHz 분해대역폭으로 측정한 평균전력밀도가 기본주파수대역의 최대평균전력밀도보다 [37＋2×{(Δf－13.23MHz)/4.5MHz}]dB 이상 낮을 것

(라) 지정주파수로부터 ±17.73MHz 이상 떨어진 주파수에서 100kHz 분해대역폭으로 측정한 평균전력밀도가 기본주파수대역의 최대평균전력밀도보다 39dB 이상 낮을 것

(2) 기본주파수의 평균전력이 23dBm을 초과하는 경우

(가) 지정주파수로부터 ±4.77MHz 이상 ±9.27MHz 미만 떨어진 주파수에서 100kHz 분해대역폭으로 측정한 평균전력밀도가 기본주파수대역의 최대평균전력밀도보다 [{(평균전력－23dBm)＋26}＋7×{(Δf－4.77MHz)/4.5MHz}]dB 이상 낮을 것

(나) 지정주파수로부터 ±9.27MHz 이상 ±13.23MHz 미만 떨어진 주파수에서

100kHz 분해대역폭으로 측정한 평균전력밀도가 기본주파수대역의 최대평균전력밀도보다 [{(평균전력−23dBm)+33}+4×{(Δf−9.27MHz)/3.96MHz}]dB 이상 낮을 것

(다) 지정주파수로부터 ±13.23MHz 이상 ±17.73MHz 미만 떨어진 주파수에서 100kHz 분해대역폭으로 측정한 평균전력밀도가 기본주파수대역의 최대평균전력밀도보다 [{(평균전력−23dBm)+37}+2×{(Δf−13.23MHz)/4.5MHz}]dB 이상 낮을 것

(라) 지정주파수로부터 ±17.73MHz 이상 떨어진 주파수에서 100kHz 분해대역폭으로 측정한 평균전력밀도가 기본주파수대역의 최대평균전력밀도보다 [{평균전력−23dBm}+39]dB 이상 낮을 것

(3) 지정주파수로부터 ±22.5MHz 이상 떨어진 2300MHz～2390MHz 주파수대역 외에서 불요발사는 다음의 공통 조건을 만족할 것

(가) 30MHz 이상 1GHz 미만의 주파수에서 100kHz 분해대역폭으로 측정한 평균전력이 −13dBm 이하일 것

(나) 1GHz 이상 12.0GHz 미만의 주파수에서 1MHz 분해대역폭으로 측정한 평균전력이 −13dBm 이하일 것

다. 공중선전력은 2W 이하일 것

4. 기지국 송신장치와 이동국 송신장치를 중계하는 송신장치

가. 발사전파의 주파수허용편차는 가입자 방향의 경우 제2호가목의 조건을 만족하고, 사업자 방향은 제3호가목의 조건을 만족할 것

나. 송신장치의 불요발사는 가입자 방향의 경우 제2호나목의 조건을 만족하고, 사업자 방향은 제3호나목의 조건을 만족할 것

다. 공중선전력 및 공중선이득은 가입자 방향의 경우 제2호다목의 조건을 만족하고, 사업자 방향의 공중선전력은 제3호다목의 조건을 만족할 것

5. 무선국의 개설절차에 적합하여 운영 중인 기지국과 중계 송신장치는 할당대역 바깥쪽 주파수에 대해서만 제2호 및 제4호의 불요발사 규정을 적용한다.

5.12.2 2300MHz~2390MHz 점유주파수대폭 10MHz인 휴대인터넷용 통신시스템

2300MHz~2390MHz 주파수의 전파를 사용하는 점유주파수대폭이 10MHz인 휴대인터넷용 무선설비의 기술기준은 다음과 같다.

1. 공통조건

가. 통신방식은 직교주파수분할 다중접속방식(OFDMA)을 사용하는 시분할 복신방식일 것(단, 이동통신 핸드오프를 위해 기지국에 부가적으로 설치하는 장치는 시분할 단향통신방식을 사용할 수 있다).

나. 송신장치에서 발사되는 전파의 형식은 G7D, D7D, D7W, G7W 또는 W7W 중 1 이상을 사용하는 것일 것

다. 채널할당은 〈표 5-2〉와 같을 것

〈표 5-2〉 점유주파수대폭이 10MHz인 휴대인터넷 채널할당
(무선설비규칙 제92조제2항제1호다목 관련)

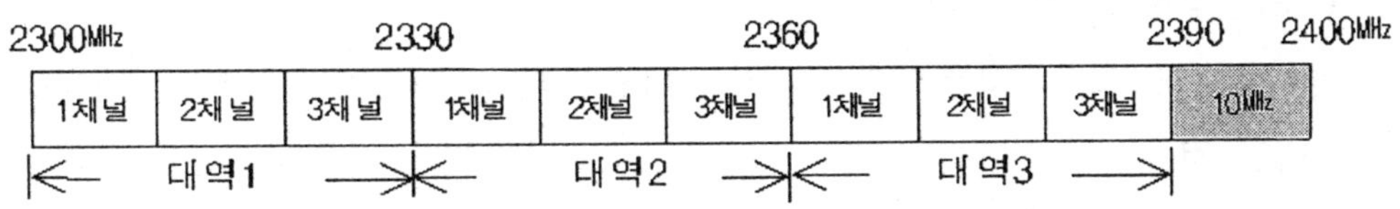

주) 1개 채널대역폭 : 10MHz, ■ 보호대역

2. 기지국 송신장치의 조건

가. 발사전파의 주파수허용편차는 다음 조건을 만족할 것

(1) 기본주파수의 평균전력이 40dBm 이상인 경우

(가) 지정주파수의 $\pm 2\times10^{-8}$ 이내일 것

(2) 기본주파수의 평균전력이 40dBm 미만인 경우

(가) 지정주파수의 $\pm 5\times10^{-8}$ 이내일 것

나. 송신장치의 불요발사는 다음 조건을 만족할 것

(1) 지정주파수로부터 ±5MHz 이상 ±6MHz 미만 떨어진 주파수에서 100kHz 분해대역폭으로 측정한 평균전력이 −13dBm 이하일 것

(2) 지정주파수로부터 ±6MHz 이상 떨어진 주파수에서 1MHz 분해대역폭으로 측정한 평균전력이 −13dBm 이하일 것

(3) 9MHz 이하의 점유주파수대폭을 사용하는 사업자에 대한 불요파는 인접 지정주파수로부터 ±8MHz 이상 떨어진 주파수에서 1MHz 분해대역폭으로 측정한 평균전력이 −30dBm 이하일 것

(4) 지정주파수로부터 ±25MHz 이상 떨어진 2300MHz～2390MHz 주파수대역 외에서 불요발사는 다음의 공통 조건을 만족할 것

(가) 30MHz 이상 1GHz 미만의 주파수에서 100kHz 분해대역폭으로 측정한 평균전력이 −13dBm 이하일 것

(나) 1GHz 이상 12.75GHz 미만의 주파수에서 1MHz 분해대역폭으로 측정한 평균전력이 −13dBm 이하일 것

다. 공중선전력은 지정주파수마다 평균전력 40W 이하로 하며 공중선전력과 공중선이득의 합이 안테나당 63dBm 이하일 것

3. 이동국의 송신장치의 조건

가. 발사전파의 주파수허용편차는 동기된 기지국주파수 기준으로 ±200Hz 이내일 것

나. 송신장치의 불요발사는 다음 조건에 만족할 것

(1) 지정주파수로부터 ±5MHz 이상 ±6MHz 미만 떨어진 주파수에서 100kHz 분해대역폭으로 측정한 평균전력이 −13dBm 이하일 것

(2) 지정주파수로부터 ±6MHz 이상 ±10MHz 미만 떨어진 주파수에서 1MHz 분해대역폭으로 측정한 평균전력이 −13dBm 이하일 것

(3) 지정주파수로부터 ±10MHz 이상 ±11MHz 미만 떨어진 주파수에서 1MHz 분해대역폭으로 측정한 평균전력이 $-13-12\times(|\Delta f|-10\text{MHz})$dBm 이하일 것

(4) 지정주파수로부터 ±11MHz 이상 떨어진 주파수에서 1MHz 분해대역폭으로 측정한 평균전력이 −25dBm 이하일 것

(5) 지정주파수로부터 ±25MHz 이상 떨어진 2300MHz～2390MHz 주파수대역 외에서 불요발사는 다음의 공통 조건을 만족할 것

(가) 30MHz 이상 1GHz 미만의 주파수에서 100kHz 분해대역폭으로 측정한 평균전력이 －13dBm 이하일 것

(나) 1GHz 이상 12.0GHz 미만의 주파수에서 1MHz 분해대역폭으로 측정한 평균전력이 －13dBm 이하일 것

다. 공중선전력은 2W 이하일 것

4. 기지국 송신장치와 이동국 송신장치를 중계하는 송신장치

가. 발사전파의 주파수허용편차는 가입자 방향의 경우 제2호가목의 조건을 만족하고, 사업자 방향은 제3호가목의 조건을 만족할 것

나. 송신장치의 불요발사는 가입자 방향의 경우 제2호나목의 조건을 만족하고, 사업자 방향은 제3호나목의 조건을 만족할 것

다. 공중선전력 및 공중선이득은 가입자 방향의 경우 제2호다목의 조건을 만족하고, 사업자 방향의 공중선전력은 제3호다목의 조건을 만족할 것

5. 무선국의 개설절차에 적합하여 운영 중인 기지국과 중계 송신장치는 할당대역 바깥쪽 주파수에 대해서만 제2호 및 제4호의 불요발사 규정을 적용한다.

＊ 기술기준근거 : 무선설비규칙 제92조

5.13 위치기반서비스용 통신시스템

322MHz～328.6MHz, 377MHz～380MHz 주파수의 전파를 사용하는 위치기반서비스용 무선설비의 기술기준은 다음과 같다.

1. 공통조건

가. 통신방식은 단향, 단신 또는 복신방식일 것

나. 전파형식은 F1D, G1D, F2D, G2D, F7W, G7W 중 1 이상을 사용하는 것일 것

2. 기지국 송신장치의 조건

가. 주파수대역은 322MHz～328.6MHz 대역일 것

나. 공중선전력은 100W 이하일 것

다. 주파수허용편차는 지정주파수의 $\pm 1\times 10^{-6}$ 이내일 것

라. 점유주파수대폭의 허용치는 16kHz 이하일 것

마. 스퓨리어스영역의 불요발사 허용치는 다음과 같을 것

(1) 공중선전력이 25W를 초과하는 경우 : 1mW 이하이고 기본 주파수의 평균전력보다 70dB 낮은 값

(2) 공중선전력이 25W 이하일 경우 : 2.5μW 이하

바. 인접채널 누설전력은 반송주파수로부터 25kHz 떨어진 주파수의 ±8kHz 대역 내에서 복사되는 전력이 반송파전력보다 70dB 이상 낮은 값 또는 2.5μW 이하 중 덜 엄격한 값일 것

3. 이동국 송신장치의 조건

가. 주파수대역은 377MHz～380MHz 대역일 것

나. 공중선전력은 2W 이하일 것

다. 점유주파수대폭의 허용치는 2.6MHz 이하일 것

라. 주파수허용편차는 지정주파수의 $\pm 2.5\times 10^{-6}$ 이내일 것, 데이터의 경우 100kHz 이하일 것

마. 송신장치의 불요발사는 지정주파수로부터 ±1.5MHz 이상 떨어진 주파수에서 100kHz 분해대역폭으로 측정한 경우 기본주파수의 평균전력보다 43+10log(Py) 이상 낮을 것

4. 기지국과 이동국 간 통신을 중계하는 송신장치의 조건

가. 송신 주파수대역은 다음과 같을 것

(1) 322MHz～328.6MHz(이동국 방향)

(2) 377MHz～380MHz(기지국 방향)

나. 이동국 방향 송신장치는 제2호의 조건을 만족할 것

다. 기지국 방향 송신장치는 제3호의 조건을 만족할 것

＊ 기술기준근거 : 무선설비규칙 제93조

6 chapter

기타업무용 무선통신시스템의 기술기준

6.1 간이무선국의 통신시스템

6.1.1 주파수공용방식 외의 통신시스템

주파수공용방식 외의 146MHz 주파수대역, 222MHz 주파수대역, 423MHz 주파수대역 및 444MHz 주파수대역의 주파수지정방식 간이무선국의 무선설비기술기준

1. 통신방식이 단신방식 또는 단향통신방식일 것
2. 송신공중선(수평면이 지향성을 가지고 있는 것을 제외한다)의 높이가 지상으로부터 30m를 초과하지 아니할 것
3. 주파수, 전파형식 및 공중선전력은 〈표 6-1〉과 같을 것

〈표 6-1〉 주파수지정방식 간이무선국의 주파수 · 전파형식 및 공중선전력
(무선설비규칙 제95조제1항제3호 관련)

주 파 수(MHz)	전 파 형 식	공중선전력	비 고
146.5125	8K50F(G)3E	5 W 이하	
146.5250	"	"	
146.5375	"	"	
146.5500	"	"	
146.5625	"	"	
146.5750	"	"	
146.5875	"	"	
222.4500	16K0F(G)3E	"	
222.4750	"	"	
222.5000	"	"	
222.5250	"	"	
222.5500	"	"	
222.5750	"	"	
222.6000	"	"	
222.6250	"	"	
222.6500	"	"	
222.6750	"	"	
222.7000	"	"	

주 파 수(MHz)	전 파 형 식	공중선전력	비 고
222.7250	"	"	
222.7500	"	"	
222.7750	"	"	
222.8000	"	"	
222.8250	"	"	
222.8500	"	"	
222.8750	"	"	
222.9000	"	"	
222.9250	"	"	
222.9500	"	"	
222.9750	"	"	
444.0250	8K50F(G)3E	"	
444.0375	"	"	
444.0500	"	"	
444.0625	"	"	
444.0750	"	"	
444.0875	"	"	
444.1000	"	"	
444.1125	"	"	
444.1250	"	"	
444.1375	"	"	
444.1500	"	"	
423.1875	8K50F(G)3E	5 W 이하	
423.2000	"	"	
423.2125	"	"	
423.2250	"	"	
423.2375	"	"	
423.2500	"	"	
423.2625	"	"	
423.2750	"	"	
423.2875	"	"	
423.3000	"	"	
423.3125	"	"	
423.3250	"	"	
423.3375	"	"	
423.3500	"	"	
423.3625	"	"	
423.3750	"	"	
423.3875	"	"	

주 파 수(MHz)	전 파 형 식	공중선전력	비 고
423.4000	"	"	
423.4125	"	"	
423.4250	"	"	
423.4375	"	"	
423.4500	"	"	
423.4625	"	"	
423.4750	"	"	
423.4875	"	"	
423.5000	"	"	
423.5125	"	"	
423.5250	"	"	
423.5375	"	"	
423.5500	"	"	
423.5625	"	"	
423.5750	"	"	
423.5875	"	"	
423.6000	"	"	
423.6125	"	"	
423.6250	"	"	
423.6375	"	"	
423.6500	"	"	
423.6625	"	"	
423.6750	"	"	
423.6875	8K50F(G)3E	5 W 이하	
423.7000	"	"	
423.7125	"	"	
423.7250	"	"	
423.7375	"	"	
423.7500	"	"	
423.7625	"	"	
423.7750	"	"	
423.7875	"	"	
423.8000	"	"	
423.8125	"	"	
423.8250	"	"	
423.8375	"	"	
423.8500	"	"	
423.8625	"	"	
423.8750	"	"	

주 파 수(MHz)	전 파 형 식	공중선전력	비 고
423.8875	"	"	
423.9000	"	"	
423.9125	"	"	
423.9250	"	"	
423.9375	"	"	
423.9500	"	"	
423.9625	"	"	
423.9750	"	"	
423.9875	"	"	

[주]

1) 이미 허가를 받아 운용 중인 주파수 222.820, 222.860, 222.940 및 222.980MHz의 무선국은 해당 무선국의 허가유효기간까지만 사용할 수 있음.
2) 400MHz대 주파수의 전파형식 16K0F(G)3E로 허가받아 사용 중에 있는 무선국은 1996년 12월 31일까지 전파형식을 8K50F(G)3E로 변경하여야 함.
3) 423.1875MHz～423.9875(65파)는 주파수공용 간이무선국과 공용으로 사용할 수 있음.

6.1.2 422MHz 주파수대역 및 423MHz 주파수공용방식 간이무선국

1. 공통조건

가. 통신방식은 단신방식일 것

나. 전파형식은 F3E/F2D일 것

다. 채널별 송신주파수는 〈표 6-2〉와 같을 것

〈표 6-2〉 주파수공용간이무선국 주파수 할당표
(무선설비규칙 제95조제2항제1호다목 관련)

채널번호	주파수(MHz)	채널번호	주파수(MHz)
1	422.0000	30	422.3625
*2	422.0125	31	422.3750
3	422.0250	32	422.3875
4	422.0375	33	422.4000
5	422.0500	34	422.4125
6	422.0625	35	422.4250
7	422.0750	36	422.4375

채널번호	주파수(MHz)	채널번호	주파수(MHz)
8	422.0875	37	422.4500
9	422.1000	38	422.4625
10	422.1125	39	422.4750
11	422.1250	40	422.4875
12	422.1375	41	422.5000
13	422.1500	42	422.5125
14	422.1625	43	422.5250
15	422.1750	44	422.5375
16	422.1875	45	422.5500
17	422.2000	46	422.5625
18	422.2125	47	422.5750
19	422.2250	48	422.5875
20	422.2375	49	422.6000
21	422.2500	50	422.6125
22	422.2625	51	422.6250
23	422.2750	52	422.6375
24	422.2875	53	422.6500
25	422.3000	54	422.6625
26	422.3125	55	422.6750
27	422.3250	56	422.6875
28	422.3375	57	422.7000
29	422.3500	58	422.7125
59	422.7250	**101	423.2500
60	422.7375	**102	423.2625
61	422.7500	**103	423.2750
62	422.7625	**104	423.2875
63	422.7750	**105	423.3000
64	422.7875	**106	423.3125
65	422.8000	**107	423.3250
66	422.8125	**108	423.3375
67	422.8250	**109	423.3500
68	422.8375	**110	423.3625
69	422.8500	**111	423.3750
70	422.8625	**112	423.3875
71	422.8750	**113	423.4000
72	422.8875	**114	423.4125
73	422.9000	**115	423.4250
74	422.9125	**116	423.4375
75	422.9250	**117	423.4500

채널번호	주파수(MHz)	채널번호	주파수(MHz)
76	422.9375	**118	423.4625
77	422.9500	**119	423.4750
78	422.9625	**120	423.4875
79	422.9750	**121	423.5000
80	422.9875	**122	423.5125
81	423.0000	**123	423.5250
*82	423.0125	**124	423.5375
83	423.0250	**125	423.5500
84	423.0375	**126	423.5625
85	423.0500	**127	423.5750
86	423.0625	**128	423.5875
87	423.0750	**129	423.6000
88	423.0875	**130	423.6125
89	423.1000	**131	423.6250
90	423.1125	**132	423.6375
91	423.1250	**133	423.6500
92	423.1375	**134	423.6625
93	423.1500	**135	423.6750
94	423.1625	**136	423.6875
95	423.1750	**137	423.7000
**96	423.1875	**138	423.7125
**97	423.2000	**139	423.7250
**98	423.2125	**140	423.7375
**99	423.2250	**141	423.7500
**100	423.2375	**142	423.7625
**143	423.7750	**152	423.8875
**144	423.7875	**153	423.9000
**145	423.8000	**154	423.9125
**146	423.8125	**155	423.9250
**147	423.8250	**156	423.9375
**148	423.8375	**157	423.9500
**149	423.8500	**158	423.9625
**150	423.8625	**159	423.9750
**151	423.8750	**160	423.9875

[주]

* 주 : 채널번호 2, 82번은 제어채널로만 사용할 것

** 주 : 채널번호 96～160번은 주파수지정 간이무선국과 공용으로 사용할 수 있음.

라. 호출명칭 기억장치를 내장하지 않았을 경우는 전파의 발사가 불가능하고, 그 호출명칭 기억장치를 손쉽게 밖으로 꺼낼 수 없을 것

마. 하나의 캐비닛 안에 수용되어 있고 쉽게 개봉할 수 없을 것

바. 공중선 절대이득은 7.14dBi 이하로서 무지향성일 것

사. 사용하는 전파의 주파수선택과 송신 및 수신절차를 써넣은 기억장치는 그 내용을 변경시킬 수 없어야 하며, 그 기억장치에 따라 제어되는 처리장치와 일체형의 구조일 것

아. 사용하는 전파의 주파수(해당 주파수를 표시하는 채널번호를 포함한다) 및 수신한 제어신호의 내용이 표시되지 아니할 것

자. 전파의 발사를 개시 또는 정지하는 경우와 전파를 계속 발사하는 경우에는 60초마다 자동으로 제어신호를 송신하는 기능이 있을 것

차. 무선설비의 고장에 따라 F2D전파가 계속하여 발사되는 경우에는 60초 이전에 자동으로 그 발사를 정지시키는 기능이 있을 것

2. 송신장치의 조건

가. 공중선전력은 5W 이하일 것

나. 주파수허용편차는 $\pm 3\times 10^{-6}$ 이하일 것

다. 점유주파수대폭은 8.5kHz 이하일 것

라. 스퓨리어스영역에서의 불요발사는 기본주파수의 평균전력보다 60dB 이상 낮은 값일 것

마. 최대주파수편이는 무변조시의 반송파의 주파수보다 ±2.5kHz를 초과하지 않을 것

바. 주파수편이가 (마)값을 초과하는 것을 방지하는 장치를 갖추고 있을 것

사. F2D전파의 변조신호 부호형식은 MSK(Minimum Shift Keying) 방식으로 다음의 조건에 적합할 것

(1) 마크(Mark) 주파수 : 1200Hz

(2) 스페이스(Space) 주파수 : 1800Hz

(3) 신호의 전송속도 : 1200bps

아. F3E전파를 사용하는 송신장치의 변조주파수는 3,000Hz 이내일 것

자. 발진방식은 발진주파수를 수정발진에 따라 제어하는 주파수 신서사이저방식일 것

3. 기타 주파수선택 및 송·수신 절차 등에 관한 사항은 KICS.KO -06.0002(주파수공용방식 간이무선 표준)에 적합할 것

*** 기술기준근거 : 무선설비규칙 제95조**

6.2 생활무선국용 통신시스템

6.2.1 27MHz 생활무선국용 통신시스템

① 27MHz 주파수대역의 전파를 사용하는 생활무선국용 무선설비는 다음의 조건에 적합하여야 한다.

1. 공통조건

가. 기기의 형태는 휴대형, 차량형 또는 고정형일 것

나. 외부송화기 및 외부수화기를 사용할 경우 연결선의 길이는 2.5m를 초과하지 아니할 것

다. 통신방식은 단신방식일 것

라. 공중선은 휩형이어야 하며 각 형태에 따른 조건은 다음과 같다

(1) 휴대형 : 휩의 길이는 1m 이내일 것

(2) 차량형 : 휩의 길이는 3m 이내이며 공중선의 최종높이가 지상으로부터 4.5m를 초과하지 않을 것

(3) 고정형 : 휩의 길이는 6m 이내일 것

마. 다음과 같은 문구를 잘 보이는 곳에 선명히 표시하여야 하며 이중 "생활무선국" 문구는 기기앞면에 선명히 표시할 것

"이 장치는 보안성이 없으므로 통신보안에 위배되는 사항의 통신을 금지하며 운용 중 기기상호간 혼신 가능성이 있음" 및 "생활무선국"

바. 하나의 캐비닛 안에 수용되어 있어 쉽게 개봉할 수 없을 것

2. 송신장치의 조건

가. 채널별 사용주파수는 〈표 6-3〉과 같을 것

〈표 6-3〉 27MHz대의 주파수를 사용하는 생활무선국의 주파수
(무선설비규칙 제96조제1항제2호가목 관련)

채널번호	주 파 수(MHz)	채널번호	주 파 수(MHz)
1	26.965	21	27.215
2	26.975	22	27.225
3	26.985	23	27.235
4	27.005	24	27.245
5	27.015	25	27.255
6	27.025	26	27.265
7	27.035	27	27.275
8	27.055	28	27.285
9[1)]	27.065	29	27.295
10	27.075	30	27.305
11	27.085	31	27.315
12	27.105	32	27.325
13	27.115	33	27.335
14	27.125	34	27.345
15	27.135	35	27.355
16	27.155	36	27.365
17	27.165	37	27.375
18	27.175	38	27.385
19[2)]	27.185	39	27.395
20	27.205	40	27.405

[주]
1) 비상용주파수 : 범죄, 화재 등의 비상통신용
2) 특수업무용주파수 : 기상, 의료 및 교통안내 등 특수업무통신용

나. 전파형식은 A3E, H3E, J3E 또는 F3E 전파를 사용할 것

다. 공중선전력은 다음과 같을 것

(1) A3E, F3E 전파를 사용하는 송신장치 : 반송파전력 3W 이하

(2) H3E, J3E 전파를 사용하는 송신장치 : 첨두포락선전력 3W 이하

라. 변조용 주파수를 발진하지 아니할 것

마. 발진방식은 수정발진방식 또는 주파수합성 발진방식일 것

바. 주파수허용편차는 ± 600Hz 이하일 것

사. 점유주파수대폭은 다음과 같을 것

(1) A3E 전파를 사용하는 송신장치 : 6kHz 이내

(2) H3E, J3E 전파를 사용하는 송신장치 : 3kHz 이내

(3) F3E 전파를 사용하는 송신장치 : 16kHz 이내

아. 인접채널 누설전력은 다음과 같을 것

(1) A3E, H3E 및 J3E 전파를 사용하는 송신장치 : 2500Hz의 변조주파수로 50%를 변조하기 위하여 필요한 전압보다 16dB 높은 입력전압을 가한 경우 반송파의 주파수로부터 5kHz 떨어진 주파수대역에서 복사되는 전력이 반송파전력보다 26dB 이상 낮은 값이어야 하며, 반송파의 주파수로부터 10kHz 이상 떨어진 주파수대역에서 복사되는 전력이 반송파전력보다 35dB 이상 낮은 값일 것

(2) F3E 전파를 사용하는 송신장치 : 1250Hz의 변조주파수로 1.5kHz를 변조하기 위하여 필요한 전압보다 20dB 높은 입력전압을 가한 경우 반송파의 주파수로부터 6kHz 이상 떨어진 주파수대역에서 복사되는 전력이 반송파전력보다 45dB 이상 낮은 값일 것

자. 스퓨리어스영역에서의 불요발사는 기본주파수의 평균전력보다 60dB 이상 낮은 값일 것

6.2.2 400MHz 생활무선국용 통신시스템

400MHz 주파수대역의 전파를 사용하는 생활무선국용 무선설비는 다음의 조건에 적합하여야 한다.

1. 공통조건

가. 기기의 형태는 본체와 송·수화기 및 공중선이 일체형인 휴대형일 것. 다만, 본체와 공중선의 접속형태가 원형나사식인 것을 포함한다.

나. 주파수공용방식을 사용하는 경우에는 호출명칭 기억장치를 갖출 것. 이 경우 호출명칭 기억장치에 사용되는 호출부호의 구성은 한국정보통신기술협회의 생활무선국용 무선설비 표준을 적용한다.

다. 복신방식을 사용하는 경우에는 통화시작 5분 경과 후에 자동으로 통화를 종료시킬 수 있는 통화시간 제한장치를 갖출 것

라. 통신방식은 단신방식 또는 복신방식일 것

마. 제1항제1호마목 및 바목에 적합할 것

바. 공중선 이득은 2.14dBi 이하일 것

2. 송신장치의 조건

가. 채널별 사용주파수는 〈표 6-4〉와 같을 것. 다만, 제어채널용 주파수는 주파수공용방식에 한한다.

〈표 6-4〉 400MHz대의 주파수를 사용하는 생활무선국의 주파수
(무선설비규칙 제96조제2항제2호가목 관련)

채널번호 \ 주파수 및 통신방식		주 파 수(MHz)		
		단 신	복 신	
제어채널	1	448.7375	424.1375	449.1375
통화채널	1	448.7500	424.1500	449.1500
	2	448.7625	424.1625	449.1625
	3	448.7750	424.1750	449.1750
	4	448.7875	424.1875	449.1875
	5	448.8000	424.2000	449.2000
	6	448.8125	424.2125	449.2125
	7	448.8250	424.2250	449.2250
	8	448.8375	424.2375	449.2375
	9	448.8500	424.2500	449.2500
	10	448.8625	424.2625	449.2625
	11	448.8750		
	12	448.8875		
	13	448.9000		
	14	448.9125		
	15	448.9250		
	16	449.1500		
	17	449.1625		
	18	449.1750		
	19	449.1875		
	20	449.2000		
	21	449.2125		
	22	449.2250		
	23	449.2375		
	24	449.2500		
	25	449.2625		

나. 전파형식은 F3E 전파를 사용할 것. 다만, 제어채널을 사용하는 경우와 선택호출 신호의 전파형식은 F2D 전파를 사용한다.

다. 공중선전력은 0.5W 이하이어야 하며, 이 값을 초과하는 것을 방지하는 자동제어장치를 갖출 것

라. 주파수허용편차는 $\pm 4\times 10^{-6}$ 이하일 것

마. 점유주파수대폭은 8.5kHz 이내일 것

바. 최대주파수편이는 무변조시의 반송파의 주파수보다 ±2.5kHz 이하이어야 하며, 이 값을 초과하는 것을 방지하는 자동제어장치를 갖출 것

사. 인접채널 누설전력은 1250Hz의 변조주파수로 최대주파수편이의 60%를 변조하기 위하여 필요한 전압보다 10dB 높은 입력전압을 가한 경우 반송파의 주파수로부터 12.5kHz 떨어진 주파수의 ±4.25kHz의 대역 내에서 복사되는 전력이 기본주파수의 평균전력보다 60dB 이상 낮은 값일 것

아. 스퓨리어스영역에서의 불요발사는 기본주파수의 평균전력보다 60dB 이상 낮은 값일 것

자. 선택호출 기능을 사용하는 경우에는 선택호출신호(톤 또는 코드)를 연속적으로 송신함으로 인하여 음성통화에 지장을 주지 않을 것. 이 경우 선택호출신호의 구성은 한국정보통신기술협회의 생활무선국용 무선설비 표준을 적용한다.

* 기술기준근거 : 무선설비규칙 제96조

6.3 미약 전계강도 통신시스템

미약 전계강도 무선기기의 기술기준은 다음과 같다.

1. 해당 무선기기로부터 3m의 거리에서 측정한 전계강도는 다음의 조건에 적합하여야 한다.

주파수	전계강도
322MHz 미만	500μV/m 이하.(15MHz 이하에서는 측정값에 $6\pi/\lambda$를 곱하여 적용한다. 이 경우 λ는 측정주파수의 파장임)
322MHz 이상 10 GHz 미만	35μV/m 이하
10GHz 이상 150 GHz 미만	3.5 fμV/m 이하(다만, 500μV/m를 초과하는 경우에는 500 μV/m로 한다). 이 경우 f는 GHz를 단위로 한 주파수로 한다.
150GHz 이상	500μV/m 이하

2. 기본파의 주파수가 〈표 6-5〉에 명시된 '미약전파무선국으로 운용할 수 없는 주파수대역'에 포함되지 않아야 한다.
3. 불요발사 전계강도는 기본파의 전계강도보다 낮아야 한다.

〈표 6-5〉 미약전파무선국으로 운용할 수 없는 주파수대역
(무선설비규칙 제97조제2호 관련)

주파수대역	주파수분배표 주석 (Footnote)	비 고
kHz		
485 ~ 526.5	- 긴급통신(5.82)	
2089.5 ~ 2092.5	- 조난 · 긴급 · 안전(K16)	
2173.5 ~ 2190.5	- 조난 · 호출(5.108, 5.109, 5.110)	
4177.25 ~ 4177.75	- 국제조난(5.110)	
4207.25 ~ 4207.75	- 국제조난(5.109)	
6267.75 ~ 6268.25	- 국제조난(5.110)	
6311.75 ~ 6312.25	- 국제조난(5.109)	
8376.25 ~ 8386.75	- 국제조난(5.110)	
8414.25 ~ 8414.75	- 국제조난(5.109)	
12519.75 ~ 12520.25	- 국제조난(5.110)	
12576.75 ~ 12577.25	- 국제조난(5.109)	
13360 ~ 13410	- 전파천문(5.149)	
16694.75 ~ 16695.25	- 국제조난(5.110)	
16804.25 ~ 16804.75	- 국제조난(5.109)	
25550~25670	- 전파천문(5.149)	
27819 ~ 27823	- 조난 · 안전 · 긴급(K47)	

주파수대역	주파수분배표 주석 (Footnote)	비 고
MHz		
37.5 ~ 38.25	- 전파천문(5.149)	
73.0 ~ 74.6	- 전파천문(5.149)	
74.8 ~ 75.2	- 항공 마카비콘(5.180)	
121.4875 ~ 121.5125	- 수색 · 구조(5.200)	
123.0875 ~ 123.1125	- 수색 · 구조(5.200)	
149.9 ~ 150.05	- 무선항행위성(5.223)	
156.4875 ~ 156.5625	- 국제조난 · 안전(5.226)	
156.7625 ~ 156.8625	- 국제조난 · 안전(5.226, K63)	
242.95 ~ 243.05	- 수색 · 구조(5.199, 5.256)	
322 ~ 335.4	- 전파천문(5.149)	
406 ~ 410	- 전파천문(5.149)	
608 ~ 614	- 전파천문(5.149)	
960 ~ 1215	- 항공무선항행(5.328)	
1300 ~ 1427	- 전파천문(5.337,5.340)	
1610.6 ~ 1613.8	- 전파천문(5.149)	
1645.5 ~ 1646.5	- 조난 · 안전(5.375)	
1660 ~ 1670	- 전파천문(5.149)	
1718.8 ~ 1722.2	- 전파천문(5.149)	
2200 ~ 2300	- 우주(5.392, K116)	
2655 ~ 2900	- 전파천문, 항공무선항행(5.149, 5.337, 5.340)	
3260 ~ 3267	- 전파천문(5.149)	
3332 ~ 3339	- 전파천문(5.149)	
3345.8 ~ 3352.5	- 전파천문(5.149)	
GHz		
4.5 ~ 5.15	- 고정위성(5.441,5.444A)	
4.825 ~ 4.835	- 전파천문(5.149)	
4.95 ~ 5.0	- 전파천문(5.149)	
5.35 ~ 5.46	- 항공무선항행(5.448B)	
6.65 ~ 6.675.2	- 전파천문(5.149)	
9.0 ~ 9.2	- 항공무선항행(5.337)	
10.6 ~ 10.7	- 전파천문, 지구탐사위성(5.149, 5.340)	
13.25 ~ 13.4	- 항공무선항행(5.497)	
14.47 ~ 14.5	- 전파천문(5.149)	
15.35 ~ 15.4	- 지구탐사위성(5.340)	
22.01 ~ 22.5	- 전파천문(5.149)	
22.81 ~ 22.86	- 전파천문(5.149)	
23.07 ~ 23.12	- 전파천문(5.149)	

주파수대역	주파수분배표 주석 (Footnote)	비 고
23.6 ~ 24.0	- 지구탐사위성(5.340)	
31.2 ~ 31.8	- 전파천문, 지구탐사위성(5.149, 5.340)	
36.43 ~ 36.5	- 전파천문(5.149)	
31.5 ~ 31.8	- 전파천문(5.149)	
36.43 ~ 36.5	- 전파천문(5.149)	
42.5 ~ 43.5	- 전파천문(5.149)	
42.77 ~ 42.87	- 전파천문(5.149)	
43.07 ~ 43.17	- 전파천문(5.149)	
43.37 ~ 43.47	- 전파천문(5.149)	
48.94 ~ 49.09	- 전파천문, 지구탐사위성(5.149, 5.340)	
50.2 ~ 50.4	- 지구탐사위성(5.340)	
52.6 ~ 54.25	- 지구탐사위성(5.340)	
76 ~ 94	- 전파천문, 지구탐사위성(5.149, 5.340)	
94.1 ~ 116	- 전파천문, 지구탐사위성(5.149, 5.340)	
128.33 ~ 128.59	- 전파천문(5.149)	
129.23 ~ 129.49	- 전파천문(5.149)	
130 ~ 134	- 전파천문(5.149)	
136 ~ 158.5	- 전파천문, 지구탐사위성(5.149, 5.340)	
164 ~ 167	- 지구탐사위성(5.340)	
168.59 ~ 168.93	- 전파천문(5.149)	
171.11 ~ 171.45	- 전파천문(5.149)	
172.31 ~ 172.65	- 전파천문(5.149)	
173.52 ~ 173.85	- 전파천문(5.149)	
190 ~ 191.8	- 지구탐사위성(5.340)	
195.75 ~ 196.15	- 전파천문(5.149)	
200 ~ 231.5	- 전파천문, 지구탐사위성(5.149, 5.340)	
241 ~ 275	- 전파천문, 지구탐사위성(5.149, 5.340)	

* 기술기준근거 : 무선설비규칙 제97의1

6.4 자계유도식 통신시스템

① 루프 안테나를 사용하는 자계유도식 무선기기로 150kHz 미만의 주파수를 사용하는 것의 기술기준은 다음과 같다.

1. 기본파의 자계강도는 다음의 기준값 이하일 것

주파수	자계강도 기준값	비 고
9kHz 이상 30kHz 미만	72 dBμA/m	※ 10m 거리를 기준으로 하며, f는 kHz를 단위로 한 주파수로 한다. ※ 분해대역폭은 200Hz, 검출모드는 준첨두치 모드를 이용한다.
30kHz 이상 90kHz 미만	72−10log(f/30) dBμA/m	
90kHz 이상 110kHz 미만	42 dBμA/m	
110kHz 이상 135kHz 미만	72−10log(f/30) dBμA/m	
135kHz 이상 140kHz 미만	42 dBμA/m	
140kHz 이상 148kHz 미만	37.5 dBμA/m	
148kHz 이상 150kHz 미만	14.8 dBμA/m	

2. 스퓨리어스영역에서의 불요발사는 다음의 기준값 이하일 것

주파수	기준값(운용 중)	기준값(대기중)	비 고
9kHz～10MHz	27−10log(f/9)dBμA/m	5.5−10log(f/9) dBμA/m	※ 10m 거리를 기준으로 하며, f는 kHz를 단위로 한 주파수로 한다. ※ 분해대역폭은 주파수 9kHz～150kHz에서 200Hz, 150kHz～30MHz에서 9kHz, 30MHz～1,000MHz에서 120kHz를 적용하고, 검출 모드는 준첨두치 모드를 이용한다.
10MHz～30MHz	−3.5 dBμA/m	−22 dBμA/m	
30MHz～230MHz	−30 dBμV/m	−31 dBμV/m	
230MHz～1000MHz	−37 dBμV/m	−31 dBμV/m	

② 루프 안테나를 사용하는 자계유도식 무선기기로 150kHz 이상 30MHz 미만의 주파수를 사용하는 것은 해당 주파수에 대한 제97조의 미약 전계강도 무선기기의 기준을 준용한다. 다만 13.552MHz～13.568MHz의 주파수를 사용하는 것은 제99조 제3항의 규정에 의한 RFID용 무선설비의 기술기준을 준용한다.

＊ 기술기준근거 : 무선설비규칙 제97조의2

6.5 특정소출력무선국용 통신시스템

6.5.1 무선조정용 특정소출력무선국용 통신시스템

1. 용도, 주파수, 전파형식, 전계강도

장치명(용도)	주 파 수(MHz)	전파형식	전계강도
지상 및 수상용	26.995, 27.045, 27.095, 27.145, 27.195, 40.255, 40.275, 40.295, 40.315, 40.335, 40.355, 40.375, 40.395, 40.415, 40.435, 40.455, 40.475, 40.495, 75.630, 75.650, 75.670, 75.690, 75.710, 75.730, 75.750, 75.770, 75.790	A1D, A2D, F1D F2D, G1D, G2D	10mV/m 이하 @ 10m
상공용	40.715, 40.735, 40.755, 40.775, 40.795, 40.815, 40.835, 40.855, 40.875, 40.895, 40.915, 40.935, 40.955, 40.975, 40.995, 72.630, 72.650, 72.670, 72.690, 72.710, 72.730, 72.750, 72.770, 72.790, 72.810, 72.830, 72.850, 72.870, 72.890, 72.910, 72.930, 72.950, 72.970, 72.990	A1D, A2D, F1D F2D, G1D, G2D	
완구조정기 무선도난경보기 원격조정장치	13.552～13.568 26.958～27.282 40.656～40.704	A1A, A1B, A1D, A2A, A2B, A2D F1A, F1B, F1D F2A, F2B, F2D G1A, G1B, G1D G2A, G2B, G2D	

2. 주파수허용편차는 제3조에 의한 조건에 적합할 것

3. 점유주파수대폭은 다음의 조건에 적합할 것

가. 26MHz～27MHz 주파수대역에서는 50kHz 이하일 것

나. 40MHz～75MHz 주파수대역에서는 20kHz 이하일 것

다. 완구조정기, 무선도난경보기 및 원격조정장치는 사용주파수대역의 범위 이내일 것

4. 다른 기기의 신호에 의한 오동작을 일으키지 않도록 식별코드를 사용할 것. 다만, 「품질경영 및 공산품안전관리법」에 의거 자율안전확인을 한 완구용 무선조정기는 예외로 한다.

6.5.2 데이터전송용 특정소출력무선기기의 기술기준

1. 용도, 주파수, 전파형식, 실효복사전력, 점유주파수대폭

장치명 (용도)	주파수(MHz)	전파형식	실효 복사전력	점유주파 수대폭
데이터 전송	173.0250 173.0375 173.0500 173.0625 173.0750 173.0875 173.1000 173.1125 173.1250 173.1375 173.1500 173.1625 173.1750 173.1875 173.2000 173.2125 173.2250 173.2375 173.2500 173.2625 173.2750	A1D, A2D F(G)1D F(G)2D	5mW 이하	8.5kHz 이하
	173.6250 173.6375 173.6500 173.6625 173.6750 173.6875 173.7000 173.7125 173.7250 173.7375 173.7500 173.7625 173.7750 173.7875	F(G)1D F(G)2D	10mW 이하	8.5kHz 이하
	219.000(224.000)[주1,2] 219.025(224.025)[주2] 219.050(224.050)[주2] 219.075(224.075)[주2] 219.100(224.100)[주2] 219.125(224.125)[주2]	F(G)1D F(G)2D	10mW 이하	16kHz 이하
	219.150 219.175 219.200 219.225	F(G)1B(D) F(G)2B(D) F(G)9W	10mW 이하	16kHz 이하
	311.0125 311.0250 311.0375 311.0500 311.0625 311.0750 311.0875 311.1000 311.1125 311.1250	A1D, A2D F(G)1D F(G)2D	5mW 이하	8.5kHz 이하
	424.7000[주1] 424.7125 424.7250 424.7375 424.7500 424.7625 424.7750 424.7875 424.8000 424.8125 424.8250 424.8375 424.8500 424.8625 424.8750 424.8875 424.9000 424.9125 424.9250 424.9375 424.9500	F(G)1D F(G)2D	10mW 이하	8.5kHz 이하

장치명 (용도)	주파수(MHz)	전파형식	실효 복사전력	점유주파 수대폭
데이터 전송	433.795 ~ 434.045[주3)]	A1D, A2D F(G)1D F(G)2D	3mW 이하	250kHz 이하
	447.6000 447.6125 447.6250 447.6375 447.6500 447.6625 447.6750 447.6875 447.7000 447.7125 447.7250 447.7375 447.7500 447.7625 447.7750 447.7875 447.8000 447.8125 447.8250 447.8375 447.8500	A1D, A2D F(G)1D F(G)2D	5mW 이하	8.5kHz 이하
	447.8625 447.8750 447.8875 447.9000 447.9125 447.9250 447.9375 447.9500 447.9625 447.9750 447.9875	F(G)1D F(G)2D	10mW 이하	8.5kHz 이하

[주]

1) 219.000(224.000)MHz 및 424.7000MHz는 채널제어용 주파수이고 나머지 주파수는 통신용 주파수임.
2) 괄호 안의 주파수는 복신 또는 반복신인 경우 송신(또는 수신) 주파수에 대응하는 수신(또는 송신) 주파수임.
3) 자동차의 타이어 공기압 경보 장치, 자동차의 개폐 또는 시동 장치에 한함.

2. 주파수허용편차는 지정주파수의 $\pm 7\times 10^{-6}$ 이하일 것
3. 스퓨리어스영역에서의 불요발사는 기본주파수의 평균전력보다 40dB 이상 낮은 값일 것
4. 송신장치의 인접채널 누설전력은 다음과 같을 것

가. 채널간격이 12.5kHz인 것 : 지정주파수로부터 ±12.5kHz 떨어진 주파수의 ±4.25kHz 대역 내에서 복사되는 평균전력은 기본주파수의 평균전력보다 40dB 이상 낮은 값

나. 채널간격이 25kHz인 것 : 지정주파수로부터 ±25kHz 떨어진 주파수의 ±8kHz 대역 내에서 복사되는 평균전력은 기본주파수의 평균전력보다 40dB 이상 낮은 값

5. 219MHz ~ 219.125MHz, 224MHz ~ 224.125MHz 및 424.7MHz ~ 424.95MHz 주파수대역을 사용하는 데이터전송용 무선기기는 다음의 조건에 적합할 것

가. 송신시간제한장치

(1) 전파를 발사하기 시작한 시간으로부터 40초 이내에 그 전파의 발사를 정지하고 1초의 휴지시간을 경과한 후가 아니면 다음 송신이 불가능할 것

(2) 채널제어용 주파수의 송신시간 제한은 전파발사를 시작한 시간으로부터 0.2초 이내로 할 것

나. 반송파감지장치를 구비하고, 2μV 이상의 다른 특정소출력무선국의 전파를 수신한 경우에는 그 무선국의 발사전파와 동일주파수(복신방식 및 반복신방식인 것에 대해서는 수신주파수에 대응하는 송신주파수)의 전파를 발사할 수 없는 것일 것

6. 위의 제3호, 제4호, 제5호에도 불구하고 433.795MHz～434.045MHz 주파수대역을 사용하는 설비는 다음 조건을 만족할 것

가. 자동송신의 경우 : 연속송신시간은 0.3초 이내이고 최소휴지시간은 0.01초 이상이며 규칙적인 최장 주기(T) 동안의 신호 송신시간의 합을 T로 나눈 값이 1% 이하일 것(다만 긴급 상황 모드에서는 예외로 할 수 있다).

나. 수동송신의 경우 : 전파발사를 시작하여 10초 이내에 자동으로 발사를 정지하는 기능을 가질 것

다. 주파수허용편차는 $\pm 100 \times 10^{-6}$ 이하일 것

라. 점유주파수대폭은 허용된 주파수대역 이내에 유지할 것

마. 허용 주파수대역 바깥에서의 스퓨리어스영역 불요발사는 1GHz 이하의 주파수에서 －36dBm/100kHz 이하이고, 1GHz 초과의 주파수에서 －30dBm/1MHz 이하일 것

7. 다른 기기의 오동작을 방지하고 다른 기기의 신호에 의한 오동작을 일으키지 않도록 기기별 코드식별기억장치를 갖출 것

8. 공중선계를 제외한 고주파부 및 변조부는 하나의 캐비닛 안에 수용되어 있고 쉽게 개봉할 수 없을 것(다만, 전원장비 · 제어장치는 예외로 한다.)

9. 외부급전선을 가지지 아니할 것

6.5.3 안전시스템용 특정소출력 통신시스템

1. 용도, 주파수, 전파형식, 실효복사전력, 점유주파수대폭

장치명(용도)		주파수(MHz)	전파형식	실효복사전력	점유주파수대폭
시각장애인 유도신호용	고정장치	235.3000, 235.3125 235.3250, 235.3375	F(G)2D F(G)3E	10mW 이하	8.5kHz 이하
	휴대장치	358.5000, 358.5125 358.5250, 358.5375	F(G)2D		
도난, 화재경보장치 등의 안전시스템용		447.2625 447.2750 447.2875 447.3000 447.3125 447.3250 447.3375 447.3500 447.3625 447.3750 447.3875 447.4000 447.4125 447.4250 447.4375 447.4500 447.4625 447.4750 447.4875 447.5000 447.5125 447.5250 447.5375 447.5500 447.5625	F(G)1D F(G)2D		

2. 주파수변조용 무선기기의 주파수편이는 무변조시의 반송파의 주파수보다 ±2.5kHz 이내일 것
3. 주파수허용편차는 지정주파수의 $\pm 7 \times 10^{-6}$ 이하일 것
4. 스퓨리어스영역에서의 불요발사는 기본주파수의 평균전력보다 40dB 이상 낮은 값일 것
5. 송신장치의 인접채널 누설전력은 지정주파수로부터 ±12.5kHz 떨어진 주파수의 ±4.25kHz의 대역 내에 복사된 전력이 반송파전력보다 40dB 이상 낮은 값일 것
6. 고정장치 및 휴대장치는 다른기기의 오동작을 방지하고 다른기기의 신호에 의한 오동작을 일으키지 않도록 식별코드를 사용할 것
7. 하나의 캐비닛 안에 수용되어 있고 쉽게 개봉할 수 없을 것. 다만, 전원설비 및 제어장치는 예외로 한다.

8. 외부급전선을 가지지 아니할 것

9. 시각장애인 유도신호용 무선기기의 수신부 성능은 다음 표의 조건에 적합할 것

항 목	기 준	조 건
수신주파수 안정도	±500Hz 이하	
수신 감도	2μV 이하	1kHz 변조주파수, 최대주파수편이의 60% 변조도, SINAD 12dB
인접채널 선택도	60dB 이상	

6.5.4 음성 및 음향신호 전송용 특정소출력 통신시스템

1. 용도, 주파수, 실효복사전력, 점유주파수대폭

용도구분	주파수(MHz)	전파형식	실효복사전력	점유주파수대폭
무선호출	219.150 219.175 219.200 219.225	F3E G3E	10mW 이하	16kHz 이하
무선마이크 및 음향신호전송용	72.610～73.910 74.000～74.800 75.620～75.790 173.020～173.280 217.250～220.110 223.000～225.000 740.000～752.000 925.000～932.000	F3E G3E F2E G2E F7W G7W F8W G8W F9W G9W		(1) 주파수가 100MHz 이하의 경우 : 60kHz 이하 (2) 주파수가 100MHz 초과의 경우 : 200kHz 이하

2. 무선호출용 무선기기는 다음의 조건에 적합할 것

가. 주파수허용편차는 $\pm 7 \times 10^{-6}$ 이하일 것

나. 하나의 캐비닛 안에 수용되어 있고 쉽게 개봉할 수 없을 것. 다만 전원설비 및 제어장치는 예외로 한다.

다. 외부급전선을 가지지 아니할 것

라. 송신장치의 인접채널 누설전력은 반송파 주파수로부터 ±25kHz 떨어진 주파수의 ±8kHz의 대역 내에 복사된 전력이 반송파전력보다 40dB 이상 낮을 것

마. 다른 기기의 오동작을 방지하고 다른 기기의 신호에 의한 오동작을 일으키지 않도록 기기별 코드식별기억장치를 갖출 것

바. 스퓨리어스영역에서의 불요발사는 제5조의 기준에 적합할 것

3. 무선마이크 및 음향신호전송용 무선기기는 다음의 조건에 적합할 것

가. 주파수변조용 무선기기의 최대주파수편이는 다음의 지정주파수별로 제시된 허용치 이하일 것

(1) 100MHz 이하 : ±22kHz

(2) 100MHz 초과 : ±75kHz

나. 주파수허용편차는 반송파주파수의 $\pm 20\times10^{-6}$ 이내일 것

다. 불요발사는 다음과 같을 것

(1) 반송파의 주파수로부터 점유주파수대폭의 1/2 이상 떨어진 주파수에서 300Hz 분해대역폭으로 측정한 경우 반송파의 평균전력에 비하여 25dB 이상 낮을 것

(2) 반송파의 주파수로부터 점유주파수대폭 이상 떨어진 주파수에서 300Hz 분해대역폭으로 측정한 경우 반송파의 평균전력에 비하여 35dB 이상 낮을 것

(3) 반송파의 주파수로부터 점유주파수대폭의 2.5배 이상 떨어진 주파수에서 다음의 기준값 이하일 것

주파수	기준값	분해대역폭
1GHz 미만	−36 dBm	100 kHz
1GHz 이상	−30 dBm	1 MHz

6.5.5 무선랜을 포함한 무선접속시스템용(WAS) 특정소출력무선통신시스템

1. 주파수대역, 전력밀도 등

<table>
<tr><th>주파수대역
(MHz)</th><th colspan="2">공중선전력 또는 전력밀도</th><th>공중선
절대이득</th><th>비고</th></tr>
<tr><td>5150～5250</td><td colspan="2">2.5mW/MHz 이하</td><td>6dBi 이하</td><td rowspan="3">※ 공중선전력 또는 전력밀도는 평균치이며, 공중선 절대이득이 기준치를 초과한 경우에 초과한 값만큼 저감된 것일 것

※ 제7항의 무선데이터통신시스템과 하나의 기기로 제작할 수 있다.

※ 5650MHz ~ 5725MHz 주파수대역의 채널탐색을 위한 수신기능을 탑재할 수 있다.</td></tr>
<tr><td rowspan="2">5250～5350,
5470～5650</td><td>점유주파수대폭
0.5MHz 이상
20MHz 이하</td><td>10mW/MHz
이하</td><td rowspan="2">7dBi 이하</td></tr>
<tr><td>점유주파수대폭
20MHz 초과
40MHz 이하</td><td>5mW/MHz
이하</td></tr>
<tr><td>17705～17715
17725～17735
19265～19275
19285～19295</td><td colspan="2">10mW 이하</td><td>2.15dBi
이하</td><td>무선LAN 용도에 한함</td></tr>
</table>

2. 제1호에 의한 5GHz 주파수대역의 전파를 사용하는 무선기기는 다음의 조건에 적합할 것

가. 주파수허용편차는 $\pm 20 \times 10^{-6}$ 이하일 것

나. 점유주파수대폭은 40MHz 이하일 것

다. 불요발사는 다음의 조건에 적합할 것

(1) 불요발사는 제1호에 의한 주파수대역 밖의 주파수에서 공중선 절대이득을 포함한 평균전력이 －27dBm/MHz 이하일 것

(2) 5150MHz～5250MHz, 5250MHz～5350MHz 주파수대역의 전파를 연속하여

사용하는 무선기기는 5150MHz～5350MHz 주파수대역 밖의 주파수에서 공중선 절대이득을 포함한 평균전력이 －27dBm/MHz 이하일 것

라. 변조형식은 디지털변조일 것

마. 5250MHz～5350MHz 및 5470MHz～5650MHz 주파수대역의 전파를 사용하는 무선기기는 다음 송신출력제어(Transmitter Power Control) 및 능동주파수선택(Dynamic Frequency Selection)의 기술적 조건에 적합할 것

(1) 송신출력제어 기능은 공중선 절대이득을 포함한 평균전력이 25mW/MHz를 초과하는 무선기기의 경우에는 최소 12.5mW/MHz 이하로 저감시킬 수 있을 것

(2) 능동주파수선택

(가) 항목별 기준

항 목	기 준
간섭감지기준	· 공중선 절대이득을 포함한 평균전력이 10mW/MHz 미만의 경우 : －62dBm · 공중선 절대이득을 포함한 평균전력이 10mW/MHz 이상 50mW/MHz 이하의 경우 : －64dBm
채널사용가능확인시간	60초 이상
채널이동시간	10초 이내
비점유시간	30분 이상

(나) 무선기기별 적용

구 분	A형주1)	B형주2)	C형주3)	A형주1)	B형주2)	C형주3)
채널사용가능확인시간	적용	-	-	-	-	-
채널이동시간	-	-	-	적용	적용	적용
비점유시간	적용	-	적용	-	-	-
비 고	채널점유 전			채널점유 후		

[주]

1) A형은 능동적으로 채널을 설정하는 무선기기

2) B형은 수동적으로 채널을 설정하는 무선기기로 레이더 신호의 검출능력이 없는 무선기기

3) C형은 수동적으로 채널을 설정하는 무선기기로 레이더 신호의 검출능력이 있는 무선기기 ◎

3. 제1호에 의한 17GHz 및 19GHz 주파수대역의 전파를 사용하는 무선기기는 다음의 조건에 적합할 것.

가. 공중선은 무선기기의 함체와 일체형일 것

나. 주파수허용편차는 $\pm 50 \times 10^{-6}$ 이하일 것

다. 점유주파수대폭은 10MHz 이하열 것

라. 스퓨리어스영역에서의 불요발사는 기본주파수의 평균전력보다 40dB 이상 낮은 값일 것

마. 반송파의 주파수로부터 ±20MHz 이격된 주파수에서 ±8.5MHz 대역 내에 복사되는 전력은 반송파전력보다 30dB 이상 낮은 값일 것

6.5.6 중계용 특정소출력 통신시스템

1. 주파수, 공중선전력밀도 및 전계강도

주파수	공중선전력밀도 또는 전계강도	비 고
전기통신역무와 방송중계업무용으로 허가된 것과 동일한 주파수	10mW/MHz 이하 (단,점유주파수 대폭이 1MHz 미만인 경우에는 10mW/채널 이하)	「전기통신기본법」제2조제7호에 의한 전기통신역무와 「전파법시행령」제26조에 의한 방송업무의 전파음영지역 해소를 위한 중계를 목적으로 하는 다음의 무선국 가. 지하, 터널, 기내, 선실 또는 건물 내에 설치되는 무선기기(기간통신사업자 또는 방송사업자외의 자가 설치하는 경우에는 해당 지역 내의 기간통신사업자 또는 방송사업자와 사전에 합의한 것에 한한다.) 나. 기간통신사업자 또는 방송사업자가 가목 이외의 장소에 기지국 또는 방송국과 육상이동국 간에 설치하는 것으로 육상이동국 방향의 공중선 절대 이득이 6dB 이하인 무선기기(다만, 설치지역 내에서 기술기준에 적합한 다른 기간통신사업자 또는 방송사업자의 무선기기에 혼신을 유발하지 아니하는 것에 한한다.)

주파수	공중선전력밀도 또는 전계강도	비　　고
주파수공용통신용으로 허가된 것과 동일한 주파수	10mW/채널 이하	「전기통신기본법」제2조제5호에 의한 자가전기통신설비로서 주파수공용통신방식을 사용하는 300MHz 대역 무선설비를 허가받은 시설자가 전파음영지역 해소를 위한 중계를 목적으로 지하, 터널, 기내, 선실 또는 건물 내에 설치하는 무선기기에 한함.
시설자가 무선국의 서비스 지역 내에서 단순 중계 목적으로 지하공간 또는 터널 등에 설치하는 무선설비	10mV/m@10m 이하	단향방식 무선기기에 한함.
위성방송국 중계용 무선설비		

2. 제1호에서 전기통신역무용 중계기는 전기통신사업용 무선설비의 기술기준에 적합할 것
3. 제1호에서 방송중계업무용 중계기는 방송표준방식 및 방송업무용 무선설비의 기술기준에 적합할 것
4. 제1호에서 전계강도를 제한한 단순 중계용 무선설비 및 위성방송국 중계용 무선설비의 주파수허용편차, 점유주파수대폭, 불요발사의 허용치에 대하여 해당 업무의 기술기준에서 별도로 규정하지 않은 경우에는 각각 제3조부터 제5조까지의 규정을 준용한다.
5. 제1호에서 자가통신용 주파수공용통신 중계기는 그 변조방식에 따라 제111조제1호다목 또는 제2호다목에 적합할 것

6.5.7 무선데이터통신시스템용 특정소출력 통신시스템

1. 주파수, 전파형식

주파수(MHz)	전파형식	비 고
2400～2483.5 5725～5825	F(G,D)1(2,7)C(D,E,F,W) A2(7,9)F(W) F9W	※ "해당 무선설비는 운용 중 전파혼신 가능성이 있음"이라는 문구를 동 설비의 잘 보이는 곳에 표시할 것 ※ 제작자 및 설치자는 해당 무선설비가 전파혼신 가능성이 있으므로 인명안전과 관련된 서비스는 할 수 없음을 사용자 설명서 등을 통하여 운용자 및 사용자에게 충분히 알릴 것 ※ 5825MHz ~ 5850MHz 주파수대역의 채널탐색을 위한 수신기능을 탑재할 수 있다.

2. 직접시퀀스 확산스펙트럼방식(DSSS), 첩 확산스펙트럼방식(CSS)을 사용하는 것(주파수도약확산스펙트럼방식(FHSS)과 복합적으로 이용하는 것 포함) 또는 직교주파수분할 다중방식(OFDM)을 사용하는 것

가. 점유주파수대폭, 전력밀도, 공중선 절대이득 등

점유주파수대폭	전력밀도	공중선 절대이득	비고
0.5MHz 이상 26MHz 이하	10mW/MHz 이하	6dBi 이하 (다만, 고정형 점대점 통신용 무선설비는 20 dBi 이하일 것[주2)])	※ 전력밀도는 평균치이며, 공중선 절대이득이 기준치를 초과한 경우에 초과한 값만큼 전력밀도가 저감할 것
26MHz 초과 40MHz 이하	5mW/MHz 이하		
40MHz 초과 60MHz 이하[주1)]	0.1mW/MHz 이하	6dBi 이하	

[주]

1) 2400MHz～2483.5MHz를 사용하는 기기에 한함.
2) 다음의 문구를 기기의 사용자 설명서에 명시할 것
"법에 의해 전방향 전파발사 및 동일한 정보를 동시에 여러 곳으로 송신하는 점-대-다지점 서비스에의 사용은 금지되어 있습니다."

나. 주파수허용편차는 $\pm 50 \times 10^{-6}$ 이하일 것

다. 불요발사는 제1호에 의한 주파수대역 밖의 주파수에서 100kHz 분해대역폭으로 측정하였을 때 −30dBm 이하일 것

3. 주파수도약확산스펙트럼방식을 사용하는 것

가. 공중선 절대이득, 주파수허용편차, 불요발사는 제2호 가목, 나목, 다목의 조건에 적합할 것

나. 송신공중선계에 급전선에 공급되는 전력을 주파수호핑 대역(단위는 MHz로 한다)으로 나눈 값이 3mW 이하일 것

다. 호핑채널당 점유주파수대폭은 5MHz 이하일 것

라. 호핑채널은 중첩되지 않는 15개 이상일 것

마. 호핑순서는 의사랜덤이고 전체 호핑채널에 대하여 균등하게 호핑하는 것일 것. 다만, 반송파감지 기능을 부가한 설비로서 반송파감지에 의해 호핑하지 않은 채널에 대하여는 예외로 한다.

바. 하나의 호핑채널에서의 체류시간(Dwell Time)은 0.4초 이내일 것

4. 2400MHz～2483.5MHz 주파수대역에서 스펙트럼 확산방식을 사용하지 않는 것

가. 실효복사전력은 10mW 이하일 것

나. 공중선은 무선기기 함체와 일체형일 것

다. 주파수허용편차는 $\pm 50 \times 10^{-6}$ 이하일 것

라. 점유주파수대폭은 26MHz 이하일 것

마. 불요발사는 주파수대역 밖의 주파수에서 100kHz 분해대역폭으로 측정하였을 때 −30dBm 이하일 것

바. 식별 코드를 사용할 것

5. 5725MHz～5825MHz 주파수대역에서 스펙트럼 확산방식을 사용하지 않는 것

가. 중심주파수는 5775MHz일 것

나. 공중선은 무선기기 함체와 일체형일 것

다. 주파수허용편차는 $\pm 100 \times 10^{-6}$ 이하일 것

라. 점유주파수대폭은 70MHz 이하일 것

마. 실효복사전력은 10mW 이하일 것

바. 스퓨리어스영역에서의 불요발사는 기본주파수의 평균전력보다 43dB 이상 낮은 값일 것

6. 5795MHz～5815MHz 주파수대역에서 진폭변조를 사용하는 것

가. 공통조건

(1) 중심주파수는 5800MHz 또는 5810MHz일 것

(2) 공중선전력은 10mW 이하일 것

(3) 통신방식은 복신방식 · 반복신방식 또는 단신방식일 것

(4) 점유주파수대폭은 8MHz 이내일 것

(5) 불요발사는 다음 조건에 적합할 것

(가) 기본파로부터 10MHz 이격된 주파수에서 8MHz 대역 내에 누설되는 전력이 기본파 전력에 비하여 40dB 이상 낮을 것

(나) 스퓨리어스영역에서의 불요발사는 1MHz(측정하는 주파수가 1GHz 미만인 경우에는 100kHz) 분해대역폭으로 측정하였을 때 －26dBm 이하일 것

(6) 식별 코드를 사용할 것

나. 노변장치(RSE : Road Side Equipment)의 조건

(1) 주파수허용편차는 반송파주파수의 $\pm 20\times 10^{-6}$ 이내일 것

(2) 공중선 절대이득은 22dBi 이하일 것. 다만, 공중선 절대이득이 기준치를 초과한 경우에는 초과한 값만큼 공중선전력을 저감할 것

다. 이동체탑재장치(OBE : On Board Equipment)의 조건

(1) 주파수허용편차는 반송파주파수의 $\pm 100\times 10^{-6}$ 이내일 것

(2) 공중선 절대이득은 8dBi 이하일 것. 다만, 공중선 절대이득이 기준치를 초과한 경우에는 초과한 값만큼 공중선전력을 저감할 것

(3) 노변장치로부터 미리 정하여진 신호를 수신한 경우에 한하여 전파를 발사하는 것일 것

7. 2400MHz～2483.5MHz 주파수대역에서 아날로그 변조를 사용하는 것

가. 중심주파수는 2410MHz, 2430MHz, 2450MHz 또는 2470MHz일 것

나. 공중선전력은 10mW 이하일 것

다. 점유주파수대폭은 16MHz 이하일 것

라. 주파수허용편차는 $\pm 50 \times 10^{-6}$ 이하일 것

마. 스퓨리어스영역에서의 불요발사는 기본주파수의 평균전력보다 40dB 이상 낮은 값일 것

바. 캐비닛은 쉽게 개봉할 수 없을 것

사. 공중선 절대이득은 6dBi 이하일 것. 다만, 지향성 공중선을 사용하는 경우에는 20dBi 이하일 것. 다만, 공중선 절대이득이 기준치를 초과한 경우에는 초과한 값만큼 공중선전력을 저감할 것

6.5.8 이동체식별용 특정소출력 통신시스템

1. 용도, 주파수, 전파형식, 공중선전력

장치명(용도)	주파수(MHz)	전파형식	공중선전력	비 고
이동체식별	2440(2427～2453)[주1)] 2450(2434～2465)[주1)] 2455(2439～2470)[주1)]	NON A1D AXN	300mW 이하	

[주]

1) 괄호 안의 주파수대역 지정주파수대역임.

2. 하나의 캐비닛 안에 수용되어 있고 쉽게 개봉할 수 없을 것(다만, 전원설비・제어장치는 예외로 한다)
3. 공중선 절대이득은 20dBi 이하일 것. 다만, 공중선 절대이득이 기준치를 초과한 경우에는 초과한 값만큼 공중선전력을 저감할 것
4. 송・수신장치로부터 독립된 응답을 위한 장치를 가질 것
5. 제4호의 장치는 송신장치가 발사하는 전파에 따라 작동하고, 그 수신전력의 전부 또는 일부를 동일주파수대역의 전파로 발사하는 것일 것
6. 주파수허용편차 및 스퓨리어스영역에서의 불요발사는 제3조 및 제5조에 의한 조건에 적합할 것

6.5.9 차량 충돌방지용 레이더 특정소출력 통신시스템

1. 주파수대역은 76GHz～77GHz일 것
2. 공중선전력은 10mW 이하로 하며 공중선 절대이득을 포함한 전력이 50dBm 이하일 것
3. 점유주파수대폭은 제1호의 지정주파수 범위 이내일 것
4. 주파수허용편차는 제3호의 점유주파수대폭 이내일 것
5. 불요발사는 제1호의 주파수대역 밖의 주파수에서 공중선전력이 10mW 이하일 때 1MHz(측정하는 주파수가 1GHz 미만인 경우는 100kHz) 분해 대역폭으로 측정한 전력이 －26dBm 이하이거나 공중선 절대이득을 포함한 전력이 50dBm 이하일 때 0dBm 이하일 것

＊기술기준근거 : 무선설비규칙 제98조

6.6 RFID/USN의 통신시스템

6.6.1 917MHz～923.5MHz RFID/USN의 통신시스템

1. 발사하는 전파의 중심주파수는 다음 표와 같다.

채널	주파수(MHz)	채널	주파수(MHz)	채널	주파수(MHz)	채널	주파수(MHz)
1	917.1	9	918.7	17	920.3	25	921.9
2	917.3	10	918.9	18	920.5	26	922.1
3	917.5	11	919.1	19	920.7	27	922.3
4	917.7	12	919.3	20	920.9	28	922.5
5	917.9	13	919.5	21	921.1	29	922.7
6	918.1	14	919.7	22	921.3	30	922.9
7	918.3	15	919.9	23	921.5	31	923.1
8	918.5	16	920.1	24	921.7	32	923.3

2. 전파형식은 N0N, A1D, A7D, B1D, B7D, F1D, F7D, G1D, G7D 중 1 이상을 사용할 것
3. 주파수허용편차는 중심주파수로부터 $\pm 40 \times 10^{-6}$ 이하일 것. 다만, 수동형 RFID(고주파신호의 반사파를 태그가 통신에 이용하는 것)의 경우 $\pm 10 \times 10^{-6}$ 이하일 것
4. 공중선절대이득을 포함한 복사전력은 10mW 이하(채널 1, 3, 4, 6, 7, 9, 10, 12, 13, 15, 16, 18번에서는 3mW 이하)일 것. 다만 수동형 RFID 판독기와 기록기의 경우 채널 2, 5, 8, 11, 14, 17에서 4W 이하, 채널 20부터 32까지는 200mW 이하일 것
5. 점유주파수대폭은 917MHz~923.5MHz 이내일 것. 다만 수동형 RFID의 판독기와 기록기의 경우에는 200kHz 이하일 것
6. 주파수 호핑방식을 이용하는 경우 16개(수동형 RFID 판독기와 기록기의 경우 6개) 이상의 중첩되지 않는 채널을 사용하고, 채널당 연속 점유 시간이 0.4초 이내일 것
7. 송신전 신호감지(Listen Before Transmission)방식을 이용하는 경우 송신전 5ms 이상 수신하여 그 수신신호의 세기가 −65dBm 이하인 경우에 한하여 전파를 발사하고, 4초 이내에 송신을 중단하여 50ms 이상 휴지할 것
8. 6호와 7호 이외의 방식을 이용하는 경우에는 특정 채널의 점유시간이 임의의 20초 주기 동안에 2% 이내일 것
9. 지정주파수대 바깥에서의 불요발사는 다음의 기준값 이하일 것

주파수	기준값	분해대역폭
1GHz 미만	−36 dBm	100 kHz ※ 다만, 지정주파수대의 끝으로부터 200kHz 이내에서는 3kHz, 400kHz 이내에서는 30kHz를 적용한다.
1GHz 이상	− 30 dBm	1 MHz

10. 수신 또는 송신 대기 상태의 부차적 전파발사는 다음의 기준값 이하일 것

주파수	기준값	기준대역폭
1 GHz 미만	−54 dBm	100 kHz
1 GHz 이상	−47 dBm	1 MHz

6.6.2 433.67MHz~434.17MHz RFID용 통신시스템

② 433.67MHz~434.17MHz 주파수대역의 전파를 사용하는 RFID용 무선설비[1]의 기술기준은 다음과 같다.

1. 전파형식은 F(G)1(2)D(N)일 것
2. 공중선전력은 첨두전력 5.6dBm 이하일 것. 다만, 공중선 절대이득이 0 dBi를 초과한 경우에는 그 값만큼 저감시킨 것이어야 하며, 0 dBi 미만인 경우에는 그 값만큼 증가시킬 수 있다.
3. 주파수허용편차는 $\pm 20 \times 10^{-6}$ 이하일 것
4. 점유주파수대폭은 질의기(Interrogator : 태그의 정보를 수집하는 장치)의 경우 500kHz 이하이고, 태그(Tag)의 경우 200kHz 이하일 것
5. 불요발사는 433.67MHz~434.17MHz 주파수대역 밖의 주파수에서 다음 기준치 이하일 것. 다만, 그 주파수대역의 양 끝으로부터 250kHz까지는 3kHz 분해대역폭으로 측정한다.

주파수	1GHz 미만	1GHz 이상
기준치	−36 dBm	−30 dBm

6. 송신을 시작한 후 60초 이내에 송신을 중단하여야 하며, 중단 후 최소 10초 이상의 휴지시간을 가질 것. 다만, 10초 이내의 송신시간을 갖는 경우에는 그러하지 아니하다.

6.6.3 13.552MHz~13.568MHz RFID용 통신시스템

13.552MHz~13.568MHz 주파수대역의 전파를 사용하는 RFID용 무선설비의 기술기준은 다음과 같다.

1. 주파수허용편차는 $\pm 20 \times 10^{-6}$ 이하일 것
2. 점유주파수대폭은 지정주파수범위 이내일 것

1) 항만, 내륙 컨테이너집하장, 부두창고 등 컨테이너 집하·관리 장소에 한하여 사용(대한민국 주파수분배표 각주 K90C참조)

3. 13.56MHz RFID의 전계강도는 10m의 거리에서 93.5dBμV/m(47.544mV/m) 이하이고, 주파수별로 다음의 전계강도보다 작을 것

주파수	분해능(kHz)	전계강도기준치(dBμV/m)
0.009MHz 이상 13.111MHz미만	9	43.5
13.111MHz 이상 13.410MHz 미만	9	50
13.410MHz 이상 13.552MHz 미만	0.1	60.5
13.552MHz 이상 13.568MHz 이하	9	93.5
13.568MHz 초과 13.710MHz 이하	0.1	60.5
13.710MHz 초과 14.010MHz 이하	9	50
14.010MHz 초과 30.000MHz 이하	9	43.5
30.000MHz 초과 1000.000MHz 이하	120	43.5

*기술기준근거 : 무선설비규칙 제99조

6.7 코드없는 전화기

6.7.1 아날로그방식의 코드없는 전화기시스템

1. 공통조건

가. 기본형 코드없는 전화기 1형은 15개의 통화채널을 2형은 40개의 통화채널을 실장하여야 하며, 다른 사람이 사용하는 장치로부터 혼신 등에 따라 통화의 방해를 받는 경우에는 수동제어에 따라 사용하지 않는 통화채널로 자동 전환될 수 있을 것

나. 다기능형 코드없는 전화기는 가목에 의한 기본형 코드없는 전화기 1형 또는 2형과 동일한 조건을 갖출 것

다. 내부회로의 개조 방지를 위하여 코드없는 전화기를 일반 공구로 쉽게 개방할 수 없는 구조일 것

라. 코드없는 전화기의 고정장치 및 휴대장치에 다음과 같은 문구를 잘 보이는 곳에 선명히 표시할 것

"이 장치는 보안성이 없으며 운용 중 혼신 가능성이 있음"

마. 코드없는 전화기의 휴대장치는 고정장치를 통하지 않고는 다른 기기와 직접 통화를 할 수 없을 것

바. 통신방식은 복신방식일 것

사. 전파형식은 F2A/F3E, F2B/F3E, G2A/G3E, G2B/G3E 쌍 중 하나일 것

아. 공중선의 길이는 1.5m를 초과하지 아니할 것

2. 형의 구분

가. 기본형 코드없는 전화기

(1) 1 형 : 고정장치의 송신주파수가 46MHz 주파수대역, 휴대장치의 송신주파수가 49MHz 주파수대역일 경우를 "1형"이라 한다.

(2) 2 형 : 고정장치의 송신주파수가 950MHz 주파수대역, 휴대장치의 송신주파수가 910MHz 주파수대역일 경우를 "2형"이라 한다.

나. 다기능형 코드없는 전화기

가목에 의한 기본형 코드없는 전화기에 통화권 확장 및 다기능화 발전을 위하여 부가된 기능을 가진 코드없는 전화기를 "다기능형 코드없는 전화기"라 한다.

3. 통화채널 점유절차

가. 사용대기

고정 및 휴대장치의 각 수신기는 미사용 통화채널을 계속적으로 탐색할 것

나. 호출

(1) 고정 및 휴대장치는 미사용 무선통화채널을 선정할 것

(2) 미사용 무선통화채널을 선정한 해당 장치의 송신기는 자체의 호출부호를 포함한 통화개시 신호를 송출할 것

(3) 통화개시 신호를 검출한 수신기는 미사용 무선통화채널에 대한 탐색을 중단하고 자체의 호출부호가 포함된 응답신호를 송출할 것

(4) 응답신호를 검출한 장치는 개신신호의 송출을 중단하고 고정장치와 휴대장치 간에 무선통화채널을 연결한 후 다이알톤 및 통화신호를 전송할 것

다. 통화

(1) 통화중 무선통화채널의 연결상태를 확인하기 위하여 고정 및 휴대장치 간에 호출명령을 송수신하게 할 수 있다.

(2) 통화중 통화품질 유지 및 개선을 위하여 타장치에 위해를 주지 않는 범위 내에서 통화의 단절 없이 계속적으로 통화가 이루어질 수 있도록 할 수 있다. 단, 이 경우 한 개의 구성장치내에서만 통화가 이루어져야 한다.

라. 통화종료

통화를 마친 후 각 장치는 자체 고유호출부호를 포함한 통화종료 신호를 송출하고 다음 통화를 위한 사용대기 상태로 전환될 것

4. 호출명칭 부여

가. 다른 장치로부터 오접속, 오과금을 방지하기 위하여 해당 고정장치와 휴대장치 간에는 디지털코드방식에 의한 호출부호 기억장치를 갖추어야 하며, 호출부호는 20bit 이상일 것

나. 가목에 의한 호출부호는 전파연구소장으로부터 지정을 받아야 하며 호출부호를 지정받고자 하는 자는 별지 제1호 서식에 정한 신청서를 작성하여 전파연구소장에게 신청하여야 한다. 다만, 다기능형 코드없는 전화기의 경우에는 구성장치별로 호출명칭을 신청하여 지정받아야 한다.

다. 전파연구소장은 나목의 신청에 대해 특별한 사유가 없는 한 신청서 접수일로부터 15일 이내에 별지 제2호 서식에 호출부호를 지정하여 신청인에게 통지한다.

라. 다기능형 코드없는 전화기는 구성장치별로 부여받은 호출부호에 제조자가 고정장치 및 휴대장치에 호출부호를 부가하여 관리할 수 있다.

마. 자국의 호출부호를 수신한 경우에 한하여 통화채널로 절체하는 호출부호 식별장치를 갖추고 있을 것

5. 기술적 조건

가. 기본형 코드없는 전화기

(1) 송신장치

(가) 1형

1) 고정장치 및 휴대장치의 공중선전력은 3mW 이하일 것

2) 채널별 송신주파수는 〈표 6-6〉과 같다

〈표 6-6〉 코드없는 전화기 1형 채널별 송신주파수표
(무선설비규칙 제100조제1항제5호가목 관련)

채 널	송 신 주 파 수(MHz)	
	고 정 장 치	휴 대 장 치
1	46.510	49.695
2	46.530	49.710
3	46.550	49.725
4	46.570	49.740
5	46.590	49.755
6	46.610	49.670
7	46.630	49.845
8	46.670	49.860
9	46.710	49.770
10	46.730	49.875
11	46.770	49.830
12	46.830	49.890
13	46.870	49.930
14	46.930	49.990
15	46.970	49.970

[주]

고정장치의 송신주파수는 휴대장치의 수신주파수이며 휴대장치의 송신주파수는 고정장치의 수신주파수임. ◎

3) 주파수허용편차는 $\pm 20 \times 10^{-6}$ 이하일 것

4) 점유주파수대폭은 16kHz 이하일 것

5) 스퓨리어스영역에서의 불요발사는 기본주파수의 평균전력보다 45dB 이상 낮은 값일 것

6) 최대주파수편이는 ±5kHz 이하일 것

(나) 코드없는 전화기 2형

1) 고정장치 및 휴대장치의 공중선전력은 10mW 이하일 것

2) 코드없는 전화기 2형 채널별 송신주파수는 〈표 6-7〉과 같을 것

〈표 6-7〉 코드없는 전화기 2형 채널별 송신주파수표
(무선설비규칙 제100조제1항제5호가목 관련)

채 널	송 신 주 파 수(MHz)	
	휴 대 장 치	고 정 장 치
1	914.0125	959.0125
2	914.0376	959.0375
3	914.0625	959.0625
4	914.0875	959.0875
5	914.1125	959.1125
6	914.1375	959.1375
7	914.1625	959.1625
8	914.1875	959.1875
9	914.2125	959.2125
10	914.2375	959.2375
11	914.2625	959.2625
12	914.2875	959.2875
13	914.3125	959.3125
14	914.3375	959.3375
15	914.3625	959.3625
16	914.3875	959.3875
17	914.4125	959.4125
18	914.4375	959.4375
19	914.4625	959.4625
20	914.4875	959.4875
21	914.5125	959.5125
22	914.5375	959.5375
23	914.5625	959.5625
24	914.5875	959.5875
25	914.6125	959.6125
26	914.6375	959.6375
27	914.6625	959.6625
28	914.6875	959.6875
29	914.7125	959.7125
30	914.7375	959.7375
31	914.7625	959.7625
32	914.7875	959.7875
33	914.8125	959.8125

채 널	송 신 주 파 수(MHz)	
	휴 대 장 치	고 정 장 치
34	914.8375	959.8375
35	914.8625	959.8625
36	914.8875	959.8875
37	914.9125	959.9125
38	914.9375	959.9375
39	914.9625	959.9625
40	914.9875	959.9875

3) 주파수허용편차는 $\pm 2.7 \times 10^{-6}$ 이하일 것

4) 점유주파수대폭은 16kHz 이하일 것

5) 스퓨리어스영역에서의 불요발사는 기본주파수의 평균전력보다 다음의 값 이상 낮은 값일 것

가) 25MHz 이상 960MHz 이하 : 55dB

나) 960MHz 초과 4GHz 이하 : 50dB

6) 최대주파수편이는 ±5kHz 이하일 것

나. 다기능형 코드없는 전화기

(1) 송신장치

가목에 의한 기본형 코드없는 전화기 1형 또는 2형과 동일한 기술기준을 갖출 것

(2) 구성형태

(가) 복수 휴대기형

하나의 고정장치에 하나의 송수신장치가 실장되어 다수의 휴대장치를 접속할 수 있는 형태로서 다음 그림과 같다.

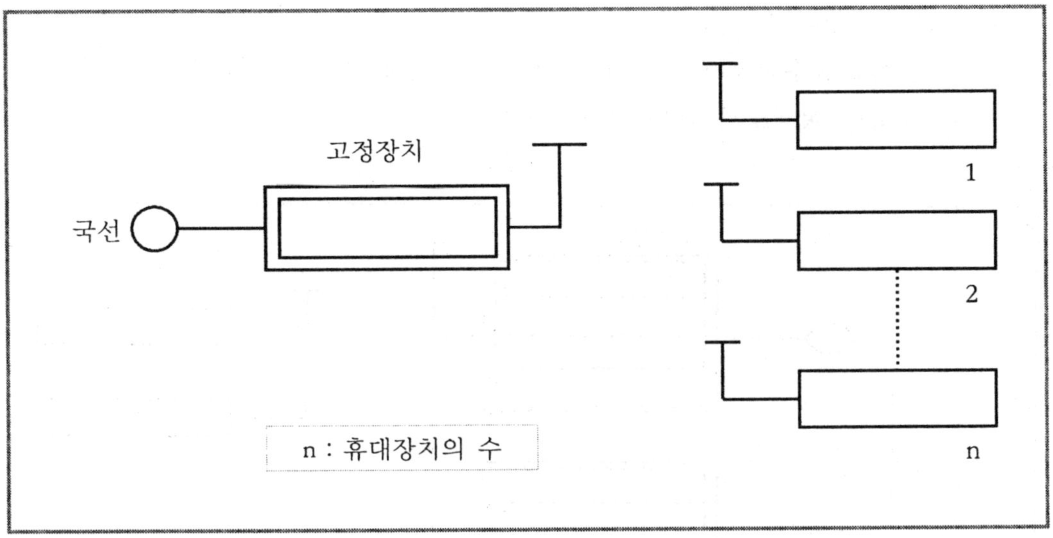

(나) 복수통화형

하나의 고정장치에 다수의 송수신장치가 실장되어 다수의 휴대장치와 접속이 가능한 형태로서 다음 그림과 같다.

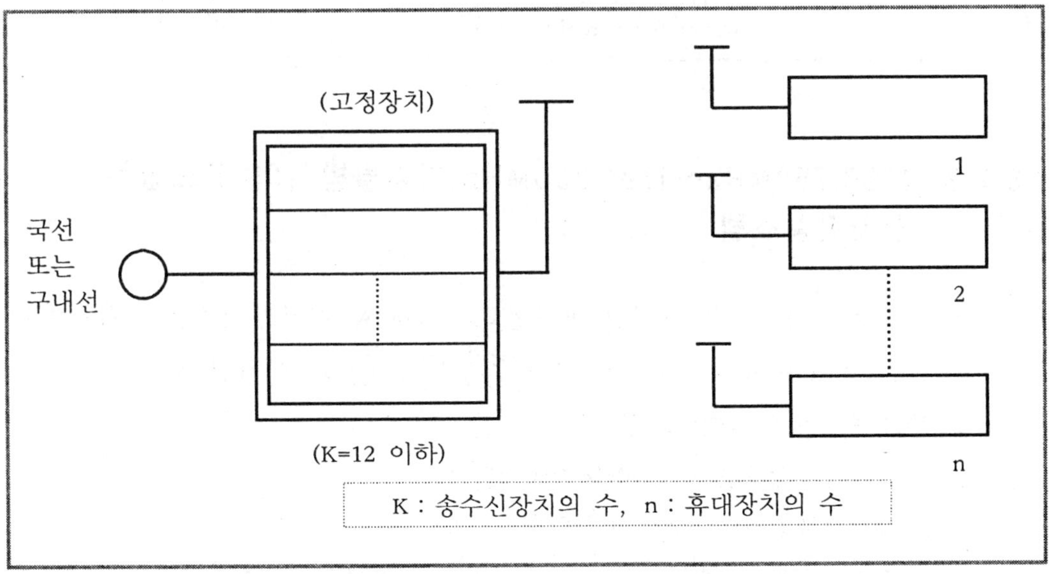

(다) 복수통화권형

다수의 송수신장치가 실장된 다수의 고정장치에 다수의 휴대장치가 접속이 가능한 형태로서 다음 그림과 같다.

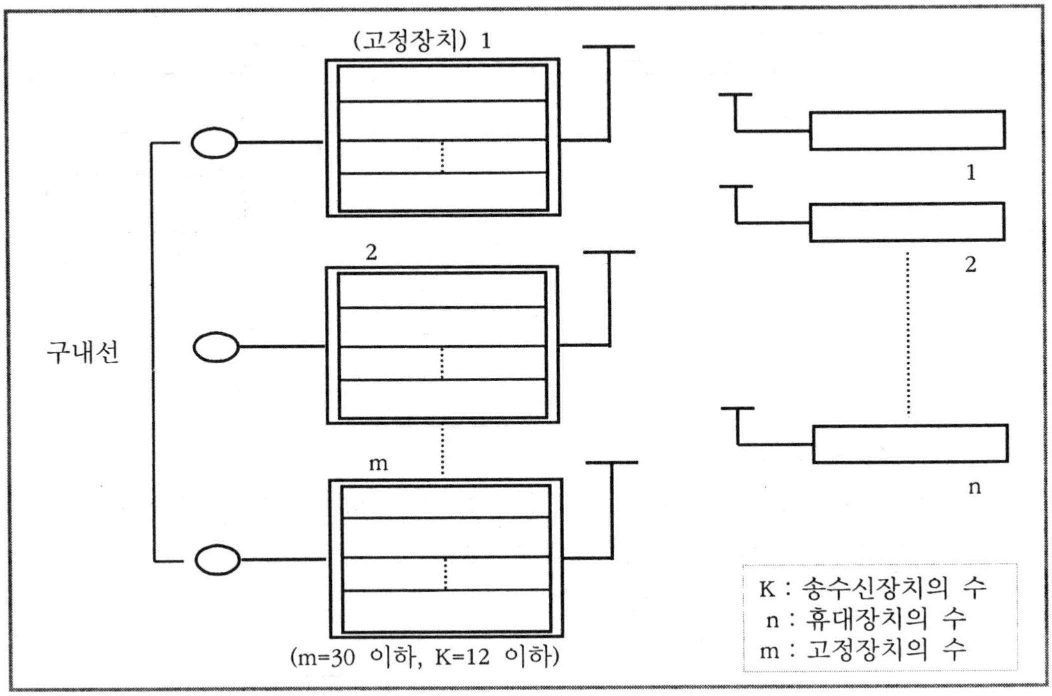

6.7.2 1786.750MHz～1791.950MHz 디지털방식의 코드없는 전화기시스템

1. 공중선 절대이득을 포함한 평균전력은 100mW 이하일 것(단, 점유주파수대폭이 1MHz 미만은 $100\sqrt{\text{점유주파수대폭(Hz)}}$ [μW] 이하일 것)
2. 변조형식은 디지털변조일 것
3. 점유주파수대폭은 1.728MHz 이하일 것
4. 주파수허용편차는 $\pm 20\times 10^{-6}$ 이하일 것
5. 공중선 절대이득을 포함한 수신 전력이 －60dBm을 초과하지 않는 경우에 한하여 송신하도록 간섭회피기능(송신전감지 등)을 갖출 것

6. 스퓨리어스영역 불요발사는 다음 기준치 이하일 것

주파수	1GHz 미만	1GHz 이상
기준치	−36 dBm	−30 dBm

7. 다른 장치로부터 오접속, 오과금을 방지하기 위한 식별코드는 40bit 이상일 것
8. 코드없는 전화기의 휴대장치는 고정장치를 통하지 않고는 다른 기기와 직접 통화를 할 수 없을 것
9. 코드없는 전화기의 고정장치 및 휴대장치에 다음과 같은 문구를 잘 보이는 곳에 선명히 표시할 것
   "이 장치는 보안성이 없으며 운용 중 혼신 가능성이 있음"

6.7.3 2400MHz~2483.5MHz 디지털방식의 코드없는 전화기시스템

1. 기술기준은 제98조 제7항제1호부터 제4호까지의 규정을 준용한다. 다만, 고정형 점대점 통신용 무선설비의 단서 규정은 제외한다.
2. 제2항제7호부터 제9호에 적합할 것

* 기술기준근거 : 무선설비규칙 제100조

6.8 UWB, 용도미지정 및 고정점대점통신용 통신시스템

6.8.1 UWB 기술을 사용하는 무선기기

1. 주파수대역, 전력밀도 등

주파수대역 (GHz)	공중선 절대이득을 포함한 전력밀도		비고
	평균전력	첨두전력	
3.1~4.8 7.2~10.2	-41.3dBm/MHz	0dBm/50MHz	· 전력밀도는 평균전력 및 첨두전력 모두 적합할 것 · 전계강도로 측정 후 환산하여 적용 가능

2. 일반적 조건 : 항공기, 선박, 위성, 모형비행기에의 적용을 금지함.
3. 주파수대폭(1MHz 분해대역폭으로 측정한 최대전력밀도보다 10dB 낮은 대역폭)은 450MHz 이상일 것
4. 불요발사는 다음 조건에 적합할 것

주파수대역	공중선 절대이득을 포함한 평균전력밀도
1.6GHz 미만	−90dBm/MHz 이하
1.6GHz 이상 2.7GHz 미만	−85dBm/MHz 이하
2.7GHz 이상 3.1GHz 미만	−70dBm/MHz 이하
3.1GHz 이상 4.8GHz 미만	−51.3dBm/MHz 이하
4.8GHz 이상 7.2GHz 미만	−70dBm/MHz 이하
7.2GHz 이상 10.2GHz 미만	−51.3dBm/MHz 이하
10.2GHz 이상	−70dBm/MHz 이하

5. 3.1GHz～4.8GHz 주파수대역의 전파를 사용하는 무선기기는 다음 각목의 간섭회피 또는 간섭경감기술(LDC 등) 중 하나의 조건에 적합할 것

가. 공중선 절대이득을 포함한 평균전력밀도는 −70dBm/MHz 이하일 것

나. 연속송신시간은 5ms 이하이고, 휴지시간은 1초 이상일 것

다. 운용 중에 −80dBm/MHz 이상의 타 무선국 신호를 감지할 경우 2초 이내에 −70dBm/MHz 이하로 저감할 수 있을 것

라. 운용 중에 −80dBm/MHz 이상의 타 무선국 신호를 감지할 경우 2초 이내로 회피할 것

6. 부차적 전파발사는 사용주파수대역에서 −54dBm/MHz 이하이고, 그 외의 주파수대역에서는 제5호에 의한 값을 준용한다.

6.8.2 57GHz～64GHz 미지정 통신시스템

1. 공중선전력은 10mW 이하일 것
2. 공중선 절대이득은 17dBi 이하일 것. 다만, 고정형 점대점(Point to Point) 통신용의 경우 공중선 절대이득은 47dBi 이하일 것. 다만, 공중선 절대이득이 기준치를 초과한 경우에는 초과한 값만큼 공중선전력을 저감할 것
3. 점유주파수대폭은 57GHz～64GHz 주파수대역 이내일 것

4. 57GHz～64GHz 주파수대역 밖의 주파수에서 불요발사는 1MHz 분해대역폭으로 측정한 전력이 －26dBm 이하일 것
5. 다른 기기의 오동작을 방지하고 다른 기기의 신호에 의한 오동작을 일으키지 않도록 기기별 식별 코드를 사용할 것. 다만, 고정형 점대점 통신용에는 적용하지 아니한다.
6. 57GHz～58GHz 주파수대역에서, 등가등방복사전력 27dBm을 초과하는 장비의 경우 사용자 설명서 표지에 다음의 문구를 표기하여야 한다.

   "전파천문안테나로부터 반경 300m 범위 이내에 설치하고자 하는 경우에는 천문대와 사전 합의하여야 함"

6.8.3 71GHz～76GHz, 81GHz～86GHz 고정점대점통신용 통신시스템

1. 공중선전력은 3W 이하, 등가등방복사전력은 55dBW 이하, 전력밀도는 150mW/100MHz 이하일 것
2. 공중선 절대이득은 최소 43dBi 이상이고 공중선 빔폭의 반치각은 1.2° 이내일 것
3. 주파수허용편차는 $\pm 150 \times 10^{-6}$ 이하일 것
4. 점유주파수대폭은 5GHz 이내일 것
5. 각 주파수대역에서 1MHz 분해대역폭으로 측정한 불요발사는 다음의 기준값 이하일 것

구 분	불요발사허용치	비 고
대역외발사	A=11+0.4(S−50) +10log(B)	다만, 감쇠량이 56dB 이상이거나 불요발사 절대전력이 −13dBm/MHz 이하인 경우에는 적용하지 아니한다. A : 감쇠량(dBc) B : 점유주파수대폭(MHz) S : 점유주파수대폭에 대한 중심주파수로부터의 이격주파수의 백분율(%)
스퓨리어스발사	A=43+10log(P)	A : 감쇠량(dBc) P : 평균전력(W)

＊기술기준근거 : 무선설비규칙 제101조

6.9 체내이식무선의료기기 통신시스템

402MHz～405MHz 주파수대역의 전파를 사용하는 체내이식무선의료기기(MICS)의 기술기준은 다음과 같다.

1. 인체 내에 이식되는 무선기기(이하 "이식용 무선기기"라 한다)는 이를 제어하는 인체 외에 무선기기(이하 "제어용 무선기기"라 한다)에 의해서만 통신할 것. 다만, 환자 또는 기기의 이상을 긴급하게 외부에 알려야 하는 경우는 예외로 한다.
2. 공중선 절대이득을 포함한 전력은 25μW 이하일 것
3. 주파수대폭(최대전력보다 20dB 낮은 대역폭)은 300kHz 이하일 것
4. 주파수채널은 중첩되지 않는 9개 이상일 것
5. 주파수허용편차는 $\pm100\times10^{-6}$ 이하일 것
6. 스퓨리어스영역에서의 불요발사는 다음 기준치 이하일 것

주파수	1GHz 미만	1GHz 이상
기준치	−36dBm	−30dBm

7. 제어용 무선기기는 이식용 무선기기와 통신을 시작하기 전에 통신채널을 설정하기 위하여 다음과 같은 채널선택 기능을 구비할 것

항 목	기 준
간섭감지기준	−10 log B (Hz) − 150 (dBm/Hz) + G (dBi) · B : 통신상태에서 최대복사대역폭(복사전력 최대값에서 20dB 감쇠되는 주파수대역폭 중 최대가 되는 대역폭을 말함) · G : 제어용 무선기기의 공중선 절대이득
채널당 수신전력 확인시간	10ms 이상
사용가능채널 확인 및 통신개시시간	5초 이내

가. 제어용 무선기기는 수신전력이 간섭감지기준 이하인 통신채널과 전파간섭에 대비한 예비채널을 확보한 후 5초 이내에 통신을 개시할 수 있을 것. 단, 모든 채널의 수신전력이 간섭감지기준을 초과하는 경우, 수신전력이 가장 낮은 채널을 선택하여 통신을 개시할 수 있음.

나. 삭제 〈2008.12.31〉

다. 통신개시 후 5초 이상 데이터 송수신이 없는 경우 통신을 자동으로 정지하는 기능을 갖출 것

8. 403.5MHz～403.8MHz 대역의 1개 채널을 이용하고 출력이 100nW(e.i.r.p.) 이하인 이식용 무선기기의 경우 제1호, 제2호, 제4호 및 제7호의 기준을 적용하지 아니한다.

* 기술기준근거 : 무선설비규칙 제102조

6.10 물체감지센서용 통신시스템

6.10.1 10GHz대 물체감지센서용 통신시스템

1. 주파수대역, 전력 등

지정주파수대(GHz)	복사전력
10.5～10.55	25mW(공중선 절대이득 포함)

2. 주파수허용편차는 지정주파수대 이내일 것
3. 점유주파수대폭은 50MHz 이하일 것
4. 스퓨리어스영역에서의 불요발사는 다음의 기준값 이하일 것

주파수	기준값	기준대역폭
1 GHz 미만	−36 dBm	100 kHz
1 GHz 이상	−30 dBm	1 MHz

5. 수신 또는 송신 대기 상태의 부차적 전파발사는 다음의 기준값 이하일 것

주파수	기준값	기준대역폭
1 GHz 미만	−54 dBm	100 kHz
1 GHz 이상	−47 dBm	1 MHz

6. 기기 본체 또는 사용자 설명서에 "이 기기는 옥내 이용을 목적으로 합니다" 라는 문구를 명시할 것

6.10.2 24GHz대 물체감지센서용 통신시스템

1. 주파수대역, 전력 등

주파수대역(GHz)	복사전력	비고
24.05～24.25	100mW (공중선 절대이득 포함)	공중선전력은 10mW 이하일 것

2. 주파수허용편차는 지정주파수대 이내일 것
3. 점유주파수대폭은 200MHz 이하일 것
4. 스퓨리어스영역에서의 불요발사는 다음의 기준값 이하일 것

주파수	기준값	기준대역폭
1 GHz 미만	−36 dBm	100 kHz
1 GHz 이상	−30 dBm	1 MHz

5. 수신 또는 송신 대기 상태의 부차적 전파발사는 다음의 기준값 이하일 것

주파수	기준값	기준대역폭
1 GHz 미만	−54 dBm	100 kHz
1 GHz 이상	−47 dBm	1 MHz

6. 해당 기기 또는 사용자 설명서에 "지능형교통시스템(ITS)용"으로 명시한 고

정형 차량검지기는 다른 기기의 오동작을 방지하고 다른 기기의 신호에 의한 오동작을 방지할 수 있는 식별코드를 사용할 것

*** 기술기준근거 : 무선설비규칙 제95조**

6.11 우주국 및 지구국의 통신시스템

우주국 및 지구국의 무선설비의 기술기준은 다음과 같다.

1. 우주국

가. 궤도, 전파발사 정지등 위성운용에 관한 사항

(1) 우주국은 원격지령에 따라 전파발사를 즉시 정지할 수 있는 기능을 보유할 것

(2) 우주국의 설치장소는 원격지령에 따라 변경할 수 있을 것. 다만, 비정지위성에 대해서는 그러하지 아니하다.

(3) 국제혼신 조정 등에 의해 필요하다고 인정되는 경우에는 공중선전력의 저감장치를 부착할 것

나. 전력속밀도의 허용치

(1) 우주국에서 지표면에 발생하는 전력속밀도의 허용치는 〈표 6-8〉과 같아야 하며, 비정지위성의 경우는 전파규칙 등 관련 국제 협약에 따를 것

〈표 6-8〉 우주국의 전력속밀도의 허용치(무선설비규칙 제104조제1호나목 관련)

주파수대	수평면 위의 도래각(δ) 및 전력속밀도의 한계값(dBW/m²)			기 준 대역폭
	0°−5°	5°−25°	25°−90°	
1670MHz～1700MHz	−133 (기상보조업무와 공유의 경우 적용)			1.5MHz
1525MHz～1530MHz 1670MHz～1710MHz 2025MHz～2110MHz 2200MHz～2300MHz	−154	−154+0.5(δ−5)	−144	4kHz
2500MHz～2690MHz	−152	−152+0.75(δ−5)	−137	4kHz

<table>
<tr><th rowspan="2">주파수대</th><th colspan="6">수평면 위의 도래각(δ) 및 전력속밀도의 한계값(dBW/m²)</th><th rowspan="2">기 준
대역폭</th></tr>
<tr><th>0°−5°</th><th colspan="2">5°−25°</th><th colspan="3">25°−90°</th></tr>
<tr><td>3500MHz～4200MHz
4500MHz～4800MHz
5670MHz～5725MHz
7250MHz～7850MHz</td><td>−152</td><td colspan="2">−152+0.5(δ−5)</td><td colspan="3">−142</td><td>4kHz</td></tr>
<tr><td>5150MHz～5216MHz</td><td colspan="6">−164</td><td>4kHz</td></tr>
<tr><td>6700MHz～6825MHz</td><td>−137</td><td colspan="2">−137+0.5(δ−5)</td><td colspan="3">−127</td><td>1MHz</td></tr>
<tr><td rowspan="2">6825MHz～7075MHz</td><td>−154</td><td colspan="2">−154+0.5(δ−5)</td><td colspan="3">−144</td><td>4kHz</td></tr>
<tr><td>−134</td><td colspan="2">−134+0.5(δ−5)</td><td colspan="3">−124</td><td>1MHz</td></tr>
<tr><td>8025MHz～8500MHz</td><td>−150</td><td colspan="2">−150+0.5(δ−5)</td><td colspan="3">−140</td><td>4kHz</td></tr>
<tr><td>10.7MHz～11.7GHz</td><td>−150</td><td colspan="2">−150+0.5(δ−5)</td><td colspan="3">−140</td><td>4kHz</td></tr>
<tr><td>12.2MHz～12.75GHz</td><td>−148</td><td colspan="2">−148+0.5(δ−5)</td><td colspan="3">−138</td><td>4kHz</td></tr>
<tr><td rowspan="2">15.43MHz～15.63GHz</td><td rowspan="2">−127</td><td>5°−20°</td><td>20°−25°</td><td>25°−29°</td><td>29°−31°</td><td>31°−90°</td><td rowspan="2">1MHz</td></tr>
<tr><td>−127</td><td>−127+0.56
−(δ−20)</td><td>−113</td><td>−136.9
+25log(δ−20)</td><td>−111</td></tr>
<tr><td>17.7MHz～19.3GHz</td><td>−115</td><td colspan="2">−115+0.5(δ−5)</td><td colspan="3">−105</td><td>1MHz</td></tr>
<tr><td>19.3MHz～19.7GHz
22.55MHz～23.55GHz
24.45MHz～24.75GHz
25.25MHz～27.501GHz</td><td>−115</td><td colspan="2">−115+0.5(δ−5)</td><td colspan="3">−105</td><td>1MHz</td></tr>
<tr><td>31.0MHz～31.3GHz</td><td>−115</td><td colspan="2">−115+0.5(δ−5)</td><td colspan="3">−105</td><td>1MHz</td></tr>
<tr><td>31.8MHz～32.3GHz</td><td>−120</td><td colspan="2">−120+0.75(δ−5)</td><td colspan="3">−105</td><td>1MHz</td></tr>
<tr><td>32.3MHz～33GHz</td><td>−135</td><td colspan="2">−135+(δ−5)</td><td colspan="3">−115</td><td>1MHz</td></tr>
<tr><td rowspan="2">37.5MHz～40GHz</td><td rowspan="2">−127</td><td>5°−20°</td><td>20°−25°</td><td colspan="3" rowspan="2">−105</td><td rowspan="2">1MHz</td></tr>
<tr><td>−127+
(4/3)(δ−5)</td><td>−107+0.4
(δ−20)</td></tr>
<tr><td>40MHz～40.5GHz</td><td>−115</td><td colspan="2">−115+0.5(δ−5)</td><td colspan="3">−105</td><td>1MHz</td></tr>
<tr><td rowspan="2">40.5MHz～42GHz</td><td rowspan="2">−120</td><td>5°−15°</td><td>15°−25°</td><td colspan="3" rowspan="2">−105</td><td rowspan="2">1MHz</td></tr>
<tr><td>−120+(δ−5)</td><td>−110+0.5
(δ−15)</td></tr>
<tr><td rowspan="2">42MHz～42.5GHz</td><td rowspan="2">−127</td><td>5°−20°</td><td>20°−25°</td><td colspan="3" rowspan="2">−105</td><td rowspan="2">1MHz</td></tr>
<tr><td>−127
+(4/3)(δ−5)</td><td>−107+0.4
(δ−20)</td></tr>
</table>

(2) 8025MHz～8400MHz 주파수대역의 지구탐사위성 업무용 비정지궤도 위성에 따라 고정위성업무용 또는 기상위성업무용 정지궤도 위성에 발생하는 최대전력속밀도는 임의의 4kHz 폭에서 −174(dBW/m^2)를 초과하지 않을 것

다. 궤도의 유지

(1) 고정위성업무 또는 방송위성업무에 분배된 주파수를 사용하는 정지궤도상의 우주국(실험국 제외)은 그 위치를 공칭경도의 ±0.1° 이내로 유지할 것

(2) (1)의 우주국 이외의 것으로서 정지위성 궤도에 설치된 것은 그 위치를 공칭경도의 ±0.5° 이내로 위치를 유지할 것

(3) 정지궤도상의 우주국이 남북방향의 궤도 위치 유지 기능을 수행하지 않는 경우, 해당 우주국과 지구국은 다음 사항을 준수하여야 한다.

(가) 지구 표면상의 위성 공중선 빔 패턴과 위성의 지정된 서비스 지역을 계속 유지하기 위하여 위성 자세를 교정하여야 한다.

(나) 사전 허가된 위성 경도 위치 유지 범위를 만족하기 위한 동서방향의 궤도 유지 기능은 계속 수행하여야 한다.

(다) 남북방향의 궤도 위치 유지 기능을 수행할 때보다 타 위성망에 더 큰 간섭을 주지 않아야 하며, 타 위성망으로부터 더 큰 보호도 요구할 수 없다. 다만, 국제전기통신연합의 전파규칙에서 정하는 조정절차에 따라 해당 위성망의 관련 주관청으로부터 동의를 획득한 경우에는 예외로 한다.

라. 정지위성 송신공중선의 지향 정밀도 : 정지위성에 설치된 우주국 송신 공중선의 지구지향 정밀도는 최대복사 지향방향이

(1) 반전력 빔폭의 10%가 공칭 지향방향 내에 있거나

(2) 공칭 지향방향에 대해서 0.3° 이내로 유지될 것. 이 경우 두 조건의 각도가 다를 경우에는 큰 것을 적용한다.

2. 지구국

가. 등가등방복사전력 제한

지구국의 지표선에 대한 등가등방복사전력의 허용치는 〈표 6-9〉와 같을 것

〈표 6-9〉 지구국의 등가등방복사전력의 허용치(무선설비규칙 제104조제2호가목 관련)

주파수대(GHz)	대 역 폭	앙 각(θ)	등가등방복사전력
1~15	4 kHz	$\leq 0°$	40 dBW
		$0 < \theta \leq 5°$	40+3θ dBW
15 초과	1 MHz	$\leq 0°$	64 dBW
		$0 < \theta \leq 5°$	64+3θ dBW

1) 1GHz~15GHz 주파수대역에서 심우주의 우주연구 업무용으로 사용하는 경우에는 최대 등가등방복사전력은 기준대역폭 4kHz에서 +55dBW로 한다.
2) 15GHz 초과 주파수대역으로 심우주의 우주연구 업무용으로 사용하는 경우에는 최대 등가등방복사전력은 기준대역폭 1MHz에서 +79dBW로 한다.
3) 앙각(θ)은 지구국 공중선의 복사 중심에서 본 지평선과의 각으로 정의함.
4) 1W를 0dBW로 한다.

나. 지구국의 기준방사도

고정위성업무를 수행하는 지구국의 경우, 아래의 기준치를 만족할 것

$G = 29 - 25 \text{ Log } (\phi) \text{ dBi} \quad (\alpha \leq \phi \leq 7°)$

$G = +8 \text{ dBi} \quad (7° < \phi \leq 9.2°)$

$G = 32 - 25 \text{ Log } (\phi) \text{ dBi} \quad (9.2° < \phi \leq 48°)$

$G = -10 \text{ dBi} \quad (48° < \phi \leq 180°)$

다만, D/λ가 50 이하일 경우에는 아래의 기준치를 만족할 것

$G = 32 - 25 \text{ Log } (\phi) \text{ dBi} \quad (\alpha < \phi \leq 48°)$

$G = -10 \text{ dBi} \quad (48° < \phi \leq 180°)$

여기서, G : 공중선 이득(dBi)

ϕ : 최대복사방향으로부터의 각(°)

α : 1°와 100λ/D 중 큰 값(°)

D : 공중선 크기(m)

λ : 파장(m)

다. 지구국(우주통신을 행하는 실험국을 포함한다) 송신공중선의 최대복사방향의 앙각은 각각 다음과 같은 값일 것

(1) 지구로부터의 거리가 2×10^6km 이상의 심우주와 관계있는 우주연구업무인 과학 또는 기술에 관한 연구나 조사를 위한 우주무선통신업무를 수행할 경우에는 10° 이상

(2) (1)의 우주연구업무외의 우주연구업무를 행할 경우에는 5° 이상

(3) 우주연구업무외의 우주무선통신업무를 행할 경우에는 3° 이상

3. 지상업무용 무선국 운용제한 : 우주무선통신 업무용과 동등한 사용 순위를 가지고 있는 주파수대역에서 운용하는 지상업무용 무선국은 아래사항을 준수해야 한다.

가. 1GHz～10GHz 주파수대역

(1) 최대 등가등방복사전력은 55dBW를 초과하지 않을 것

(2) 공중선에 공급되는 최대공중선전력은 13dBW를 초과하지 않을 것

(3) 최대 등가등방복사전력이 35dBW를 초과하는 경우에는 송신공중선의 최대복사방향이 정지궤도로부터 2° 이상 벗어날 것

나. 10GHz～14.8GHz 주파수대역

(1) 최대 등가등방복사전력은 55dBW를 초과하지 않을 것

(2) 공중선에 공급되는 최대공중선전력은 10dBW를 초과하지 않을 것

(3) 최대 등가등방복사전력이 45dBW 이상의 경우에는 송신공중선의 최대복사방향이 정지궤도로부터 1.5° 이상 벗어날 것

다. 14.8GHz 초과 주파수대역

(1) 최대 등가등방복사전력은 55dBW를 초과하지 않을 것

(2) 단, 25.25GHz～27.5GHz 대역에서는 최대 등가등방복사전력이 1MHz 대역 기준으로 24dBW 이상의 경우에는 송신공중선의 최대복사방향이 정지궤도로부터 1.5° 이상 벗어날 것

4. 본 고시에 포함되어 있지 않는 사항은 국제전기통신연합의 전파규칙 등 관련 국제협약에 따를 것

＊ 기술기준근거 : 무선설비규칙 제104조

6.12 무선탐지업무용 통신시스템

138MHz~174MHz 주파수대역의 전파를 사용하는 무선탐지업무용 무선설비의 기술기준은 다음과 같다.

1. 송신설비에서 발사되는 전파의 형식은 F(G)1D, F(G)2D 전파를 사용하는 것일 것
2. 점유주파수대폭은 8.5kHz 이내일 것
3. 주파수허용편차는 다음과 같을 것

가. 무선탐지육상국 : 지정주파수의 $\pm 2.5\times 10^{-6}$ 이내

나. 무선탐지이동국 : 지정주파수의 $\pm 5\times 10^{-6}$ 이내

4. 최대주파수편이는 ±2.5kHz를 초과하지 않을 것
5. 불요발사는 기본주파수의 첨두포락선전력보다 다음 값 이상 감쇠될 것

가. 지정주파수로부터 4.25kHz 이하 떨어진 주파수에서 100Hz 분해대역폭으로 측정한 경우 0dB

나. 지정주파수로부터 4.25kHz 초과 12.5kHz 이하 떨어진 주파수에서 100Hz 분해대역폭으로 측정한 경우 7.27(F−2.88kHz)dB(F : 4.25kHz 초과 12.5kHz 이하의 각 주파수. 단위 kHz)

다. 지정주파수로부터 12.5kHz 초과 50kHz 이하 떨어진 주파수에서 100Hz 분해대역폭으로 측정한 경우 50+10 log(P)dB(P : 반송파전력. 단위 W)

라. 지정주파수로부터 50kHz 초과한 주파수로부터 측정주파수 1GHz 이하에서 10kHz 분해대역폭으로 측정한 경우 50+10 log(P)dB

마. 측정주파수 1GHz를 초과하는 주파수에서 1MHz 분해대역폭으로 측정한 경우 50+10 log(P)dB

6. 무선탐지이동국의 공중선의 절대이득은 2.15dBi 이하일 것

＊기술기준근거 : 무선설비규칙 제105조.

6.13 무선조정국용 통신시스템

무선조정업무를 행하는 무선조정국의 무선설비로서 영 제24조제2호 및 제4호에 해당하지 아니하는 것의 기술기준은 다음과 같다.

1. 용도

모형비행기, 모형보트, 무선조종용 발진기, 무선원격조정장치 또는 도난경보장치로서 사용하는 것

2. 기술

구 분	조 건
주파수범위	26.1MHz～50MHz, 72MHz～76MHz, 146MHz～174MHz, 335.4MHz～470MHz 주파수대역 중 방송통신위원회가 지정하는 주파수
전파형식	A2A, A2B, A1D, A2D, F2D, F2B, F1D, F2D, G2A, G2B, G1D, G2D
주파수허용편차	335.4MHz～470MHz 주파수대역은 4×10^{-6}, 기타 주파수대역은 15×10^{-6} 이내
변조주파수	3kHz 이내
주파수편이	F2A, F2B, F1D, F2D, G2A, G2B, G1D, G2D는 ±5kHz 이내
점유주파수대폭	A2A, A2B는 10kHz 이내 F2A, F2B, F1D, F2D, G2A, G2B, G1D, G2D는 16kHz 이내

＊ 기술기준근거 : 무선설비규칙 제106조

6.14 F1D, G1D, F2D, G2D, F3E 또는 G3E 전파사용 통신시스템

F1D, G1D, F2D, G2D, F3E 또는 G3E 전파를 사용하는 단일통신로의 무선국의 송신장치(다중통신로의 것을 제외한다)의 기술기준은 다음과 같다. 다만, 실험국, 아마추어국, 주파수공용무선전화의 무선국, 허가받지 아니하고 개설할 수 있는 무선국, 간이무선국(138MHz 이상 174MHz 이하, 335.4MHz 이상 470MHz 이하의 주

파수대역의 전파를 사용하는 것을 제외한다)을 제외한다.

1. 변조주파수는 3000Hz를 초과하지 아니할 것
2. 주파수편이는 점유주파수대폭이 16kHz인 송신장치의 경우 ±5kHz를 초과하지 아니하고, 점유주파수대폭이 8.5kHz인 송신장치의 경우 ±2.5kHz를 초과하지 아니할 것
3. 송신장치에는 제2호의 주파수편이가 규정된 값을 초과하는 것을 방지하는 자동제어회로를 갖출 것. 다만, 공중선전력 2W 이하의 송신장치에 대하여는 예외로 한다.
4. 제3호의 자동제어장치와 변조기 사이에는 3kHz 이상 15kHz 이하의 각 주파수(F)에 대한 감쇠량이 1kHz에 의한 감쇠량보다 40 log10(F/3)dB 이상인 저역여파기를 가지고 있을 것. 다만, 138MHz 이상 174MHz 이하 또는 335.4MHz 이상 470MHz 이하의 주파수대역의 전파를 사용하는 송신장치에 있어서는 60 log10(F/3)dB 이상인 저역여파기를 가지고 있어야 한다.
5. 인접채널 누설전력은 인접채널 대역 내에 누설되는 전력이 반송파전력보다 60dB 이하일 것
6. 사용주파수대는 그 전파형식에 따라 별표 3에 명시된 점유주파수대폭 8.5kHz 또는 16kHz에 지정된 주파수대역 이내일 것

*** 기술기준근거 : 무선설비규칙 제107조**

6.15 단측파대를 사용하는 통신시스템

단측파대를 사용하는 무선설비의 기술기준은 다음 각 호와 같다.

1. R3E전파 · H3E전파 또는 J3E전파의 28MHz 이하의 주파수를 사용하는 단일통신로의 송신장치는 다음 표에 정한 조건에 적합할 것. 다만, 항공이동업무의 무선국과 아마추어국의 송신장치에 있어서는 예외로 한다.

구 분	조 건
반송파전력	1의 변조주파수에 따라 포화레벨로 변조한 때의 첨두포락선력보다 R3E전파의 경우에는 18±2dB J3E전파의 경우에는 최소한 40dB이 각각 낮은 값
출력임피던스	가능한 한 75Ω(선박국과 공중선전력 1W 이하의 송신장치를 제외한다)
토온주파수	가능한 한 1400Hz
종합주파수특성(변조주파수는 가능한 한 350Hz부터 2700Hz)	가능한 한 6dB 이내(공중선전력 1W 이하의 송신장치를 제외한다)
종합왜와 잡음	1400Hz의 주파수로 변조된 기준입력레벨을 가하여 복조한 경우에 장치의 전출력과 그중에 포함되는 불요성분의 비가 20dB 이상(공중선전력 1W 이하의 송신장치를 제외한다)
측파대	상측파대

2. 린콤팩스장치(음성을 주파수 부분과 억양 부분의 두 개의 성분으로 분리하여 주파수 부분은 SSB 변조하고 억양부분은 주파수변조한 후 이 2개의 신호를 복합하여 송신하는 장치와 이 복합 신호를 분리하여 수신, 복조하여 합성함으로써 충실도가 높은 음성을 재현하는 장치를 말한다)를 구비하는 송신장치는 다음표의 조건에 적합할 것

구 분	조 건
송신주파수 안정도	15분간에 해안국의 송신장치에 있어서는 ±2Hz, 선박국의 송신장치에 있어서는 ±5Hz를 초과하지 아니할 것
지연왜율(변조주파수 350Hz에서 2700Hz까지)	3ms 이하일 것

3. 선택호출장치를 부착하는 송신장치는 선택호출신호를 송신하는 경우에는 반송파를 첨가할 수 있을 것
4. R3E전파 · H3E전파 및 J3E전파의 28MHz 이하의 주파수를 사용하는 단일통신로의 수신장치(항공이동업무의 무선국과 아마추어국의 것을 제외한다)는 다음 표에 정한 조건에 적합할 것. 다만, 공중선전력 1W 이하의 송신설비를 사용하는 무선국의 수신장치에 있어서는 예외로 한다.

구 분		조 건
감 도		신호 대 잡음비가 20dB인 때의 정격출력의 2분의 1의 출력을 얻기 위하여 필요한 수신기 입력전압이 3μV 이하일 것
하나의 신호선택도	통과 대역폭	6dB 저하의 폭이 가능한 한 2.4kHz 이상 3kHz 이하
	감 쇠 량	26dB 저하의 대역폭이 ±1.7kHz 이내 46dB 저하의 대역폭이 ±1.9kHz 이내 66dB 저하의 대역폭이 ±2.1kHz 이내
	스퓨리어스 리스폰스	40dB 이상
실효선택도		감도억압효과는 변조된 10μV의 희망파 입력전압을 가한 상태하의 희망파에서 4kHz 이상 떨어진 방해파를 가한 경우에 희망파를 3dB 억압하는 방해파 입력전압이 10mV 이상일 것
국부발진기의 주파수		주파수변동은 1시간당 13MHz 이하일 때에 ±20Hz 이하, 3MHz를 넘을 때에 ±50Hz 이하일 것, 선박에서 사용하는 것에는 희망파를 50Hz 이하의 주파수차로 수신할 수 있도록 조정할 수 있을 것
종합왜와 잡음		1400Hz의 주파수로 변조된 30μV의 수신기입력전압을 가한 때에는 정격출력의 2분의 1에서 1400Hz의 출력과 그중에 포함되는 불요성분의 비가 20dB 이상

5. 제4호의 수신장치에서 린콤팩스장치를 설치하는 것은 다음 표의 조건에 적합할 것

구 분	조 건
수신주파수 안정도	15분간에 해안국의 수신장치에 있어서는 ±2Hz, 선박국의 수신장치에 있어서는 ±5Hz를 초과하지 아니할 것
종합주파수특성(변조주파수 350Hz 이상 2700Hz 이하)	6dB 이내일 것
지연왜율(변조주파수 350Hz 이상 2700Hz 이하)	3ms 이하일 것

6. 제5항의 수신장치에서 선택호출장치를 설치하는 것은 선택호출신호를 수신하는 경우에 반송파를 첨가한 해당 신호를 수신할 수 있을 것

＊기술기준근거 : 무선설비규칙 제108조

6.16 기상원조용 통신시스템

① 기상원조용 라디오존데의 기기는 다음과 같다.

1. 400MHz 주파수대역의 전파를 사용하는 경우 그 전파형식은 F9D 또는 F9X 이고, 1680MHz 주파수대역의 전파를 사용하는 경우 그 전파형식은 K2A 또는 K2B일 것
2. 해당기기의 전용공중선을 구비하여야 하며 공중선전력은 10W 이하일 것
3. 점유주파수대폭, 스퓨리어스영역에서의 불요발사는 제4조 및 제5조에 의한 조건에 적합할 것
4. 주파수허용편차는 다음과 같을 것

가. 400MHz 주파수대역의 전파를 사용하는 경우 아날로그방식은 ±800kHz 이하, 디지털방식은 ±20kHz 이하일 것

나. 1680MHz 주파수대역의 전파를 사용하는 경우 아날로그방식은 ±4MHz 이하, 디지털방식은 ±1MHz 이하일 것

② 기상원조용 라디오로보트의 기기의 기술기준은 다음 각 호와 같다.

1. 400MHz 주파수대역의 전파를 사용하는 경우 그 전파형식은 A2A, A2B일 것
2. 해당 기기의 전용공중선을 구비하여야 하며 공중선전력은 1W 이하일 것
3. 주파수허용편차, 점유주파수대폭, 스퓨리어스영역에서의 불요발사는 제3조부터 제5조까지에 의한 조건에 적합할 것

＊ 기술기준근거 : 무선설비규칙 제109조

6.17 무선호출용 통신시스템

26.1MHz～50MHz, 72MHz～76MHz, 138MHz～143.6MHz, 146MHz～174MHz, 273MHz～328.6MHz, 335.4MHz～470MHz, 923.55MHz～924.45625MHz 주파수대역의 전파 중 자가통신용으로 지정받아 설치하는 무선호출용 무선설비의 기술기준은 다음과 같다.

1. 공통조건

가. 무선호출을 위한 신호방식은 다음과 같을 것

(1) 투톤방식 : 변조주파수는 502.5Hz~2000Hz 이내로서 〈표 6-10〉의 투톤방식의 변조주파수 조합표와 같을 것

〈표 6-10〉 투톤방식의 변조주파수 조합표(무선설비규칙 제110조제1호가목 관련)

1. 변조주파수

A군		B군		C군		D군	
번호	변조주파수(Hz)	번호	변조주파수(Hz)	번호	변조주파수(Hz)	번호	변조주파수(Hz)
0	562.5	0	712.5	0	862.5	0	1012.5
1	577.5	1	727.5	1	877.5	1	1027.5
2	592.5	2	742.5	2	892.5	2	1042.5
3	607.5	3	757.5	3	907.5	3	1057.5
4	622.5	4	772.5	4	922.5	4	1072.5
5	637.5	5	787.5	5	937.5	5	1087.5
6	652.5	6	802.5	6	952.5	6	1102.5
7	667.5	7	817.5	7	967.5	7	1117.5
8	682.5	8	832.5	8	982.5	8	1132.5
9	697.5	9	847.5	9	997.5	9	1147.5

2. 호출신호번호 및 변조주파수 조합표

가. 100번째의 것

호출신호부호		변조주파수		호출신호부호		변조주파수	
군번호	일련번호	F1	F2	군번호	일련번호	F1	F2
0	1~100	A	A	8	801~900	A	C
1	101~200	B	B	9	901~1000	D	D
2	201~300	B	A	10	1001~1100	D	C
3	301~400	A	B	11	1101~1200	D	B
4	401~500	C	C	12	1201~1300	D	A
5	501~600	C	B	13	1301~1400	C	D
6	601~700	C	A	14	1401~1500	B	D
7	701~800	B	C	15	1501~1600	A	D

[주]

F1은 최초의 1음의 주파수, F2는 다음 1음의 주파수일 것 ◎

나. 각 군의 1번부터 100번까지의 것

구 분		F1의 변조주파수의 번호									
		0	1	2	3	4	5	6	7	8	9
F2의 변조 주파수의 번호	0	1	3	7	13	21	31	43	57	73	91
	1	2	4	8	14	22	32	44	58	74	92
	2	5	6	9	15	23	33	45	59	75	93
	3	10	11	12	16	24	34	46	60	76	94
	4	17	18	19	20	25	35	47	61	77	95
	5	26	27	28	29	30	36	48	62	78	96
	6	37	38	39	40	41	42	49	63	79	97
	7	50	51	52	53	54	55	56	64	80	98
	8	65	66	67	68	69	70	71	72	81	99
	9	82	83	84	85	86	87	88	89	90	100

(2) 디지털코드방식 : 전송속도는 200 bps 이상일 것

나. 무선호출로써 음성통신을 행하고자 할 경우에는 해당 기기의 무선호출신호를 송출한 후에 음성신호를 전송할 것

다. 통신방식은 단향통신방식, 단신방식 또는 복신방식일 것

라. 전파형식은 A1(2)D, F(G)1D, F(G)2D, F(G)1E, F(G)2E, A3E, F(G)3E 중 1 이상을 사용하는 것일 것

2. 기지국 송신장치의 조건

가. 공중선전력은 5W 이하일 것

나. 주파수허용편차는 제3조를 따른다.

다. 점유주파수대폭은 16kHz 이하일 것

라. 디지털코드방식을 사용하는 경우 주파수편이는 ± 5kHz 이내일 것

마. 스퓨리어스영역에서의 불요발사는 다음과 같을 것

(1) 공중선전력이 25W를 초과하는 경우 : 1mW 이하이고 기본주파수의 평균전력보다 70dB 낮은 값

(2) 공중선전력이 25W 이하일 경우 : 2.5μW 이하

바. 디지털코드방식을 사용하는 경우 인접채널 누설전력은 변조신호의 송신속도와 동일한 송신속도의 표준부호화 시험신호로 변조하였을 때 반송주파수

로부터 25kHz 떨어진 주파수의 ± 8kHz 대역 내에 복사되는 전력이 2.5μW 이하일 것

＊기술기준근거 : 무선설비규칙 제110조

6.18 주파수공용통신용 통신시스템

300MHz 주파수대역의 전파를 사용하는 주파수공용통신용 무선설비의 기술기준은 다음과 같으며, 800MHz 주파수대역의 전파를 사용하는 주파수공용통신용 무선설비는 제88조의 기술기준을 준용한다.

1. 아날로그 통신방식의 주파수공용통신용 무선설비

가. 공통조건

(1) 통신방식은 단신, 반복신 또는 복신방식일 것

(2) 송신에 사용되는 전파형식은 F1D, G1D, F2D, G2D, F3E, G3E, F9W, G9W 중 1 이상을 사용하는 것일 것

나. 송신장치의 조건

(1) 주파수허용편차는 지정주파수의 $\pm 2.5 \times 10^{-6}$ 이내일 것

(2) 점유주파수대폭은 8.5kHz 이내일 것

(3) 급전선에 공급되는 주파수마다의 스퓨리어스영역에서의 불요발사는 평균전력이 1mW 이하이고, 기본주파수의 평균전력보다 60dB 이상 낮은 값일 것

(4) 인접채널 누설전력은 지정주파수로부터 ±12.5kHz 떨어진 주파수의 ±4.25kHz 대역 내에서 복사되는 전력이 기본주파수의 평균전력보다 60dB 이상 낮은 값일 것

(5) 변조주파수는 3000Hz 이내일 것

(6) 주파수편이는 무변조 반송파의 주파수보다 ±2.5kHz 이내일 것

(7) 주파수편이가 (6)에 의한 값을 초과하는 것을 방지하는 자동제어장치를 구비할 것. 다만, 송신출력이 2W 이하이거나 음성신호를 송신하지 않는 경우에는 예외로 한다.

(8) 변조기의 앞쪽에 3kHz부터 15kHz의 각 주파수(F : 단위 kHz)에 대한 감쇠량이 1kHz에 의한 감쇠량보다 60 log(F/3) dB 이상인 저역여파기를 구비할 것. 다만, 음성신호를 송신하지 않는 경우에는 예외로 한다.

(9) 이동중계국의 종합왜와 잡음은 1000Hz의 주파수로 최대주파수편이의 70%를 변조한 경우에 송신장치의 전 전력과 그 중에 포함되는 불요성분의 비가 20dB 이상일 것

다. 변조부가 없는 이동중계국의 송신장치는 나목(1)부터(4)까지의 조건에 적합할 것

2. 디지털 통신방식의 주파수공용통신용 무선설비

가. 공통조건

(1) 통신방식은 반복신 또는 복신방식일 것

(2) 송신에 사용되는 전파형식은 D1(C,D,E), D2(C,D,E), F1(C,D,E), F2(C,D,E), G1(C,D,E), G2(C,D,E), D7W, F7W, G7W, W7W 중 1 이상을 사용하는 것일 것

나. 송신장치의 조건

(1) 주파수허용편차는 다음과 같을 것

(가) 채널간격이 25kHz인 설비

1) 이동중계국 : 지정주파수의 $\pm 3 \times 10^{-6}$ 이내

2) 기지국 · 이동국 : 지정주파수의 $\pm 4 \times 10^{-6}$ 이내

(나) 채널간격이 12.5kHz인 설비

1) 이동중계국 : 지정주파수의 $\pm 1.5 \times 10^{-6}$ 이내

2) 기지국 · 이동국 : 지정주파수의 $\pm 2.5 \times 10^{-6}$ 이내

(2) 점유주파수대폭은 다음과 같을 것

(가) 채널간격이 25kHz인 것 : 23kHz 이내

(나) 채널간격이 12.5kHz인 주파수분할 다중접속방식 및 시분할 다중접속방식 : 11.25kHz 이내

(3) 급전선에 공급되는 주파수마다의 불요발사는 다음과 같을 것. 다만, 다수의 주파수를 급전선에 공급할 수 있는 경우에는 조합이 가능한 단수 및 복수의 주파수에 대해서 다음의 기준을 적용하되, 조합이 복수의 주파

수인 경우에는 제일 낮은 주파수의 왼쪽과 제일 높은 주파수의 오른쪽에 대해서 적용한다.

(가) 채널간격이 25kHz인 주파수분할 다중접속방식 및 시분할 다중접속방식은 무변조 반송파의 평균전력보다 다음 값 이상 감쇠될 것

1) 지정주파수로부터 12.5kHz 이상 50kHz 이하 떨어진 주파수에서 300Hz 분해대역폭으로 측정한 경우 116 log10(F/6.1)dB(F : 10kHz 이상 50kHz 이하의 각 주파수. 단위 kHz.), 50+10 log10(P)dB(P : 반송파전력. 단위 W.) 또는 70dB 중 적은 감쇠

2) 지정주파수로부터 50kHz 초과하여 떨어진 주파수에서 30kHz 분해대역폭으로 측정한 경우 43+10 log10(P) dB

(나) 채널간격이 25kHz인 주파수도약 다중접속방식은 기본주파수의 첨두포락선전력보다 다음 값 이상 감쇠될 것

1) 지정주파수로부터 12.5kHz 이상 50kHz 이하 떨어진 주파수에서 300Hz 분해대역폭으로 측정한 경우 116 log10(F/6.1)dB(F : 12.5kHz 이상 50kHz 이하의 각 주파수. 단위 kHz.), 50+10 log10(P)dB(P : 첨두포락선전력. 단위 W.) 또는 80dB 중 적은 감쇠

2) 지정주파수로부터 50kHz 초과하여 떨어진 주파수에서 30kHz 분해대역폭으로 측정한 경우 43+10 log10(P) dB

(다) 채널간격이 12.5kHz인 주파수분할 다중접속방식 및 시분할 다중접속방식은 기본주파수의 첨두포락선전력보다 다음 값 이상 감쇠될 것

1) 지정주파수로부터 5.625kHz 이하 떨어진 주파수에서 100Hz 분해대역폭으로 측정한 경우 0dB

2) 지정주파수로부터 5.625kHz 초과 12.5kHz 이하 떨어진 주파수에서 100Hz 분해대역폭으로 측정한 경우 7.27(F−2.88kHz) dB(F : 5.625kHz 초과 12.5kHz 이하의 각 주파수. 단위 kHz.)

3) 지정주파수로부터 12.5kHz 초과 55.625kHz 이하 떨어진 주파수에서 100Hz 분해대역폭으로 측정한 경우 50+10 log10(P)dB (P : 첨두포락선전력. 단위 W.) 또는 70dB 중 적은 감쇠

4) 지정주파수로부터 55.625kHz 초과한 주파수부터 측정주파수 1GHz 이하

에서 10kHz 분해대역폭으로 측정한 경우 50+10 log10(P)dB 또는 70dB 중 적은 감쇠

5) 측정주파수 1GHz를 초과하는 주파수에서 1MHz 분해대역폭으로 측정한 경우 50+10 log10(P)dB 또는 70dB 중 적은 감쇠

다. 변조부가 없는 이동중계국의 송신장치는 나목의(1)(가)1),(1)(나)1),(2) 및 (3)의 조건에 적합할 것

＊기술기준근거 : 무선설비규칙 제111조의1

6.19 방송제작 및 공연 지원용 통신시스템

470MHz～698MHz 주파수대의 전파를 사용하는 무선마이크 및 음향신호전송 등 방송제작 및 공연 지원용 무선설비의 기술기준은 다음 각호와 같다.

1. 아날로그 통신방식

가. 실효복사전력은 250mW 이하일 것

나. 점유주파수대폭은 200kHz 이하일 것

다. 주파수허용편차는 $\pm 20 \times 10^{-6}$ 이하일 것

라. 최대주파수편이는 ±75kHz 이하일 것

마. 불요발사는 다음과 같을 것

(1) 반송파의 주파수로부터 70kHz 이상 떨어진 주파수에서 1kHz 분해대역폭으로 측정한 경우 반송파의 평균전력에 비하여 20dB 이상 낮을 것

(2) 반송파의 주파수로부터 100kHz 이상 떨어진 주파수에서 1kHz 분해대역폭으로 측정한 경우 반송파의 평균전력에 비하여 60dB 이상 낮을 것

(3) 반송파의 주파수로부터 200kHz 이상 떨어진 주파수에서 1kHz 분해대역폭으로 측정한 경우 반송파의 평균전력에 비하여 80dB 이상 낮을 것

(4) 반송파의 주파수로부터 1MHz 이상 떨어진 주파수에서 1kHz 분해대역폭으로 측정한 경우 반송파의 평균전력에 비하여 90dB 이상 낮을 것

(5) 스퓨리어스영역에서의 불요발사는 다음의 기준값 이하일 것

주파수	기준값	분해대역폭
1GHz 미만	−36 dBm	100 kHz
1GHz 이상	−30 dBm	1 MHz

(6) 송신 대기 상태의 부차적 전파발사는 다음의 기준값 이하일 것

주파수	기준값	분해대역폭
1GHz 미만	−57 dBm	100 kHz
1GHz 이상	−47 dBm	1 MHz

바. 사용자 설명서에 "이 기기는 전파법에 따라 방송통신위원회의 허가를 받고 운용하여야 합니다"라는 문구를 명시할 것

2. 디지털 하이브리드 통신방식을 포함한 디지털 통신방식

가. 실효복사전력은 250mW 이하일 것

나. 점유주파수대폭은 200kHz 이내일 것

다. 주파수허용편차는 $\pm 20 \times 10^{-6}$ 이하일 것

라. 불요발사는 다음과 같을 것

(1) 반송파 주파수로부터 100kHz 이상 떨어진 주파수에서 1kHz 분해대역폭으로 측정한 경우 반송파의 평균전력에 비하여 30dB 이상 낮을 것

(2) 반송파 주파수로부터 350kHz 이상 떨어진 주파수에서 1kHz 분해대역폭으로 측정한 경우 반송파의 평균전력에 비하여 80dB 이상 낮을 것

(3) 반송파 주파수로부터 1MHz 이상 떨어진 주파수에서 1kHz 분해대역폭으로 측정한 경우 반송파의 평균전력에 비하여 90dB 이상 낮을 것

(4) 제1호 마목(5)과 (6)에 적합할 것

마. 사용자 설명서 기재사항은 제1호 바목의 규정을 준용한다.

＊ 기술기준근거 : 무선설비규칙 제111조의2

부록 appendix

용어의 정의

[ㄱ]

간섭감지기준(Interference detection threshold) : 능동주파수선택의 기술적 조건에서 레이더 신호를 검출하기 위하여 기준으로 사용되는 수신전력. 다만, 수신전력은 수신공중선의 절대이득이 0dBi 일 때를 기준으로 한다.

간섭회피기술(DAA : Detect And Avoid) : 이종 무선시스템의 신호를 감지하여 이종시스템에 간섭을 주지 않거나, 주지 않도록 출력을 경감하거나 회피하는 기술

경보시간(Time-to-alert) : 장비가 경보를 발생할 때까지 허용되는 최대경과시간

계기착륙시설(ILS) : 항공기에 대하여 그 착륙강하 직전 또는 착륙강하 중에 수평과 수직의 유도를 주고, 정점에서 착륙 기준점까지의 거리를 표시하는 무선항행방식

고정동조주파수전환방식 : 미리 소요주파수에 동조되어 있고 사용하고자 하는 주파수를 간단한 전환조작으로 선택할 수 있는 방식

공중선이득 : 주어진 방향의 동일한 거리에서 동일한 전계 또는 전력밀도를 발생시키기 위하여 주어진 공중선과 손실이 없는 기준공중선의 입력단에서 각각 필요로 하는 전력의 비. 이 경우 따로 규정한 것이 없는 때에는 최대복사방향에서의 이득을 통상 데시벨(이하 "dB"로 한다)로 표시한다.

광대역 시스템 : 제1장 〈표 1-7〉에 의한 광대역 기준치보다 큰 필요주파수대폭을 사용하는 무선설비

규격전력(PR) : 송신장치의 종단증폭기의 정격출력

글라이드패스 : 항공기가 활주로에 착륙시 활주로 진입각도 정보를 항공기에 제공하는 무선설비

급전선 : 전파에너지를 전송하기 위하여 송신장치나 수신장치와 공중선 사이를 연결하는 선

기준주파수 : 지정주파수에 대하여 특정한 위치에 고정되어 있는 주파수. 이 경우 기준주파수가 지정주파수에 대하여 가지는 변위는 특성주파수가 발사에 의하여 점유하는 주파수대의 중심주파수에 대하여 가지는 변위와 동일한 절대치와 동일한 부호를 가지는 것으로 한다.

[ㄴ]

네비텍스수신기(NAVTEX) : 항해하는 선박에 기상 및 항행경보 등 선박의 안전항해와 관련된 해사안전정보를 제공하는 설비로 제공되는 서비스는 자동수신 된다.

[ㄷ]

대역외발사 : 변조과정에서 발생하는 필요주파수대폭의 바로 바깥쪽에 위치한 하나 이상의 주파수에서 발생하는 발사(스퓨리어스발사를 제외한다)

대역외영역 : 필요주파수대폭의 바로 바깥쪽의 주파수범위로서 대역외발사가 우세한 영역

동기신호 : 영상을 동기시키기 위하여 전송하는 신호

등가등방복사전력(EIRP) : 공중선에 공급되는 전력과 등방성 공중선에 대한 임의의 방향에 있어서의 공중선이득(절대이득 또는 등방이득)의 곱

디엠파시스 : 프리엠파시스를 행한 신호파를 정상신호파로 환원하는 것

디지털 위성방송 데이터서비스 : 디지털 위성방송의 오디오서비스 및 비디오서비스와는 독립적인 정보로 구성되는 모든 서비스

디지털 위성방송 비디오서비스 : 디지털 위성방송에서 기본적으로 제공하는 비디오와 비디오에 따른 오디오 또는 그 보조 데이터로 구성되는 서비스

디지털 위성방송 오디오서비스 : 디지털 위성방송에서 기본적으로 제공하는 오디오 또는 그에 따른 보조 데이터로 구성되는 서비스

디지털방송 : 방송신호를 디지털화하여 송신하는 방송

디지털변조(Digital modulation) : 2진 부호로 표현되는 데이터를 반송파의 진폭, 주파수, 위상 또는 이들의 조합으로 변조하는 것

디지털선택호출장치 : 중파대 · 단파대 · 중단파대 또는 초단파대의 무선전화설비 등에 부가하여 선박국과 해안국 또는 선박국 상호간 일반호출 · 조난호출 · 그룹호출 · 개별호출 등 각종 호출을 자동으로 수행하는 기능을 가진 장치

[ㄹ]

라디오부이(radio buoy) : 부표 등에 탑재되어 위치 또는 기상관련 자료 등을 자동으로 송신하는 무선설비

로컬라이저 : 항공기가 활주로에 착륙시 활주로에 중심선정보를 항공기에 제공하는 무선설비

린콤팩스장치 : 음성을 주파수 부분과 억양 부분의 두 개의 성분으로 분리하여 주파수 부분은 SSB 변조하고 억양부분은 주파수변조한 후 이 2개의 신호를 복합하여 송신하는 장치와 이 복합 신호를 분리하여 수신, 복조하여 합성함으로써 충실도가 높은 음성을 재현하는 장치

[ㅁ]

마아커비콘 : 항공기가 활주로에 착륙을 하고자 할 때 활주로로부터 떨어진 거리정보를 항공기에 제공하는 무선설비

멀티채널 오디오 : 좌측, 우측, 좌측 서라운드, 우측 서라운드, 중앙 및 저대역 효과 채널 등 최대 5.1 채널로 구성되는 오디오 신호를 의미한다.

모노포닉방송 : 음성 기타 음향신호만으로 직접 주반송파를 변조하여 행하는 방송

모드(Mode) 2 : D8PSK 변조 및 반송파 감지 다중 접근 제어방식을 이용하는 데이터 전용 초단파대데이터링크(이하 "VDL"이라 한다) 모드

모드(Mode) 3 : D8PSK 변조 및 시분할다중접속 미디어 접근 제어방식을 이용하는 음성 및 데이터 VDL 모드

모드(Mode) 4 : GFSK 변조 및 자체편성시분할다중접속(STDMA) 방식을 이용하는 데이터 전용 VDL 모드

무결성(Integrity) : 전체 시스템이 제공되는 정보의 정확성에 해당하는 신뢰성의 정도. 무결성은 사용자에게 적시에 명확한 경고를 제공하기 위한 시스템의 능력을 포함한다.

[ㅂ]

반송파 : 신호파를 무선으로 운반시키기 위한 지속적인 주파수

반송파전력(PZ) : 무변조상태에서 송신장치로부터 송신공중선계의 급전선에 공급되는 전력으로서 무선주파수의 1주기 동안에 걸쳐 평균한 것

백레벨 : 텔레비전의 화면이 백색이 되는 전기신호의 레벨

부채널신호 : 좌측신호와 우측신호의 차의 신호로서 부반송파를 진폭변조할 때 생긴 측파대

불요발사(不撓發射) : 대역외(帶域外)발사 및 스퓨리어스(Spurious)발사

비상위치지시용 무선표지설비 : 선박 또는 항공기의 조난시 수색과 구조작업을 용이하게 할 목적으로 조난위치 등을 자동으로 통보하는 무선설비

비점유시간(Non occupancy period) : 간섭감지기준을 초과하는 채널이 채널이동시간 후 재사용할 때까지 그 채널을 점유하지 아니하여야 할 시간

[ㅅ]

서비스 정보(SI : Service Information) : 수신기에서 프로그램 안내정보의 구성과 선택한 프

로그램의 수신을 위한 위성 반송파와 영상, 음성, 데이터 스트림을 찾는 데 필요한 정보를 의미한다.

서비스 컴포넌트 : 서비스의 구성단위로서 물리적인 의미를 갖는 디지털 오디오, 비디오 또는 데이터

선박장거리위치추적장치(LRIT) : 국제항해용 선박에 탑재되는 장비로 선박의 선박식별번호, 위치 및 위치측정시간의 정보를 자국의 정보센터에 자동으로 송신하는 장치

수색구조용 레이더 트랜스폰더 : 조난선박의 생존정에서 구조선박의 레이더 화면상에 자신의 위치를 여러 개의 점으로 표시하여 구조활동을 용이하게 하기 위한 설비

수색구조용위치정보송신장치 : 수색구조에 필요한 장치로 수색구조용 레이더 트랜스폰더와 선박자동식별기능을 이용하는 수색구조용 송신기

수신장치 : 전파를 받는 장치와 이에 부가하는 장치를 말한다(수신공중선과 급전선을 제외한다. 이하 같다).

스테레오포닉방송 : 청취자에게 음성 기타 음향의 입체감을 주기 위하여 1개의 방송국에서 좌측신호 및 우측신호를 1개의 주파수의 전파로 동시에 전송하는 방송

스테레오포닉 음성다중방송 : 텔레비전음성다중방송에서 음향에 입체감을 주기 위한 방송

스퓨리어스발사 : 필요주파수대폭 바깥쪽에 위치한 하나 이상의 주파수에서 발생하는 발사(대역외발사를 제외한다)로서 정보전송에 영향을 미치지 아니하고 그 강도를 저감시킬 수 있는 것으로 고조파발사, 기생발사, 상호변조 및 주파수 변환 등에 의한 발사를 포함한 발사

스퓨리어스영역 : 대역외영역 바깥의 주파수범위로서 스퓨리어스발사가 우세한 영역

스퓨리어스응답 : 수신장치에서 수신주파수 이외의 주파수에 의하여 수신출력이 얻어지는 현상 또는 그 값

[ㅇ]

억압반송파 : 수신측에서 복조에 사용하지 아니하는 반송파를 억압하여 송출하는 전파

역방향 호환모드 : DVB-S와 호환성을 유지하기 위한 방식. 이때 DVB-S 수신기를 위한 신호는 "상위전송스트림"이라 하고, DVB-S2 수신기를 위한 신호는 "하위전송스트림"이라 한다.

영상신호 : 정지 또는 이동하는 사물의 순간적 영상을 전송하기 위하여 주사에 따라 발생되는 직접적인 전기적 변화

위성 디지털멀티미디어방송(DMB) : 공중이 직접 수신할 수 있도록 할 목적으로 디지털 비

디오, 오디오 및 데이터 등의 방송프로그램 신호를 위성 송신설비 및 지상 중계설비를 이용하여 극초단파대역에서 방송하는 것

위성 디지털멀티미디어방송(DMB) 데이터서비스 : 위성 디지털멀티미디어 방송의 비디오서비스 및 오디오서비스와는 독립적인 정보로 구성되는 모든 서비스

위성 디지털멀티미디어방송(DMB) 비디오서비스 : 위성 디지털멀티미디어 방송에서 기본적으로 제공하는 비디오와 비디오에 따른 오디오 또는 그 보조 데이터로 구성되는 서비스

위성 디지털멀티미디어방송(DMB) 오디오서비스 : 위성 디지털멀티미디어 방송에서 오디오를 제공하는 서비스를 말하며, 오디오 신호 외에 보조 영상 신호, 보조 데이터 신호 또는 이들의 조합으로 구성할 수 있다.

위성기반보정시스템(이하 "SBAS"라 한다) : 이용자가 위성에 설치된 송신기로부터 보정 정보를 수신하는 넓은 범위의 보정시스템

위성방송 : 공중이 직접 수신할 수 있도록 할 목적으로 텔레비전, 라디오 및 데이터 등의 방송프로그램 신호를 인공위성의 송신설비를 이용하여 방송하는 것

위성항행시스템(이하 "GNSS"라 한다) : 항행에 필요한 성능을 지원하기 위하여 보정된 하나 이상의 위성배치 · 항공기용수신기 · 시스템 무결성 감시기능을 포함하는 전 세계적 위치 및 시간 결정 시스템

위성항행시스템위치오차 : 실제의 위치와 GNSS 수신기에 의해 결정되는 위치의 차이

음성신호 : 음성 또는 기타 음향을 전송하기 위하여 음성 또는 기타 음향에 따라 발생하는 직접적인 전기적 변화

의사거리 : 위성이 발사하는 시간과 GNSS수신기가 수신한 시간차이를 진공상태에서의 광속도를 곱하여 GNSS수신기와 위성의 기준시간차이로 발생되는 시간 편이를 포함한 것

인접채널 누설전력 : 변조된 신호의 전파발사로 인하여 기본파의 상하로 인접해 있는 채널의 필요주파수대폭 내에 누설되는 전력

[ㅈ]

저감반송파 : 수신측에서 국부주파수의 제어 등에 이용할 수 있는 일정 레벨까지 반송파를 저감하여 송출하는 전파

전반송파 : 양측파대 수신기에 의해 수신이 가능하도록 반송파를 일정한 레벨로 송출하는 전파

전방향표지시설(VOR) : 108MHz부터 118MHz까지의 주파수의 전파를 전방향에 발사하는 회전식 무선표지업무를 행하는 설비

전송 프레임 : 전송의 기본 단위로 동기채널, 고속 정보채널, 주서비스채널로 구성된다.

전파고도계 : 지상으로부터의 항공기의 고도를 결정하기 위하여 지상에서 전파의 반사를 이용하는 항공기상의 무선항행장치

점유주파수대폭 : 변조의 결과로 생기는 주파수대폭의 하한주파수 미만의 부분과 상한주파수를 초과하는 부분에서 각각 발사되는 평균전력이 따로 정하는 경우를 제외하고 각각 0.5%와 같은 주파수대폭

정격전압 : 무선설비가 안정적으로 동작하는 데 필요한 표준 상태의 전압

좌(또는 우)측 신호 : 청취자의 좌(또는 우)측에 주세력을 갖는 음성신호를 전송하도록 배치한 단일 또는 조합 마이크로폰의 전기적 출력

주사 : 화소의 휘도신호 또는 색신호(색상과 채도)를 일정한 방법에 따라 화면에 조사(照査)하는 것

주채널신호 : 좌측신호와 우측신호의 합의 신호

주파수허용편차 : 발사에 의하여 점유하는 주파수대의 중심주파수와 지정주파수 사이에 허용될 수 있는 최대편차 또는 발사의 특성주파수와 기준주파수 사이에서 허용될 수 있는 최대편차를 말하며 백만분율 또는 헤르츠(이하 "Hz"로 한다)로 표시한다.

지상기반보정시스템(이하 "GBAS"라 한다) : 이용자가 지상에 설치된 송신기로부터 직접 보정 정보를 수신하는 보정시스템

지상파 디지털멀티미디어방송(DMB) : 공중이 직접 수신할 수 있도록 할 목적으로 디지털 오디오, 비디오 및 데이터를 지상의 송신설비를 이용하여 초단파 대역에서 방송하는 것

지상파 디지털멀티미디어방송(DMB) 데이터서비스 : 지상파 디지털멀티미디어 방송 오디오서비스 및 비디오서비스와는 독립적인 정보로 구성되는 모든 서비스

지상파 디지털멀티미디어방송(DMB) 비디오서비스 : 지상파 디지털멀티미디어 방송에서 기본적으로 제공하는 비디오와 비디오에 따른 음성·음향 또는 그 보조데이터로 구성되는 서비스

지상파 디지털멀티미디어방송(DMB) 오디오서비스 : 지상파 디지털멀티미디어 방송에서 오디오를 제공하는 서비스를 말하며, 오디오 신호 외에 보조 영상 신호, 보조 데이터 신호 또는 이들의 조합으로 구성할 수 있다.

지정주파수 : 무선국에서 사용하는 주파수마다의 중심주파수

지정주파수대폭 : 주파수허용편차를 고려한 점유주파수대폭

[ㅊ]

채널사용가능확인시간(Channel availability check time) : 간섭감지기준을 초과하지 않는 사용 가능한 채널이 있는지를 확인하는 시간

채널이동시간(Channel move time) : 간섭감지기준을 초과하는 채널이 모든 데이터전송을 중지하는 시간

첨두포락선전력(PX) : 정상동작상태에서 송신장치로부터 송신공중선계의 급전선에 공급되는 전력으로서 변조포락선의 첨두에서 무선주파수 1주기 동안에 걸쳐 평균한 것

초단파대 양방향무선전화장치 : 초단파대에서 선박의 조난시 조난선박, 생존정(구명정 · 구명뗏목 등 생존에 필요한 구명장비. 이하 같다), 구조선박 상호간에 통신하기 위한 장치

[ㅌ]

텔레비전방송 부가서비스 : 텔레비전의 수직귀선소거기간과 기저대역 내의 부반송파를 이용하여 디지털이나 아날로그 형태로 데이터 또는 가공된 정보를 전송하는 모든 서비스를 의미한다.

텔레비전음성다중방송 : 음성신호 채널을 2개 이상으로 하여 방송하는 텔레비전방송

특성주파수 : 주어진 발사에서 용이하게 식별되고, 측정할 수 있는 주파수

[ㅍ]

파이롯트 신호 : 방송의 수신에 보조적 역할을 하도록 전송하는 신호

페데스탈레벨 : 수평과 수직의 귀선을 소거하는 시간 중에 삽입되는 신호파의 상단레벨로서 동기신호의 기준레벨이 되는 것

편파 : 평면 전자파가 전계의 진동방향으로 치우친 특성

평균전력(PY) : 정상동작상태에서 송신장치로부터 송신공중선계의 급전선에 공급되는 전력으로서 변조에 사용되는 최저주파수의 1주기와 비교하여 충분히 긴 시간동안에 걸쳐 평균한 것

폐쇄자막(Closed Caption) : 텔레비전 프로그램의 음성과 동기하여 제공하는 전사(Transcription) 문자열과 부가 정보 문자열로서 이 기능이 활성화된 경우에만 화면에 표시되는 자막

표준위치결정서비스(이하 "SPS"라 한다) : GPS 사용자가 지속적이고 전 세계적으로 이용 가능하도록 위치 · 속도 · 시간의 정확도에 관해 규정된 레벨을 제공하는 서비스

표준정확도채널(이하 "CSA"라 한다) : GLONASS 사용자가 지속적이고 전 세계적으로 이용 가능하도록 위치 · 속도 · 시간의 정확도에 관해 규정된 레벨을 제공하는 채널

프로그램 채널 : 영상, 음성, 보조데이터로 구성되는 텔레비전방송 서비스 채널과 단일 스트림으로 구성되는 데이터서비스 채널

프리엠파시스 : 정상신호파를 그 주파수대의 한 부분에 대하여 다른 부분보다 특히 강하게 하는 것

필드 : 화상을 구성하기 위해 위에서 아래로 1회 주사하는 것을 말하며 뛰어넘어 주사하는 경우에 한 화면은 2 필드로 구성된다.

필요주파수대폭 : 주어진 발사종별의 전파에 대하여 특정한 조건하에서 사용되는 통신방식에 필요한 전송속도와 품질로 정보를 전송하는 데 충분한 주파수대폭

[ㅎ]

항공기기반보정시스템(이하 "ABAS"라 한다) : 항공기로부터 확보되는 정보와 GNSS로부터 얻어지는 정보를 통합하고 보정하는 보정시스템

협대역 시스템 : 제1장 〈표 1-7〉에 의한 협대역 기준치보다 작은 필요주파수대폭을 사용하는 무선설비

협대역직접인쇄전신장치 : 선박국과 해안국 또는 선박국 상호간에 있어서 중단파 또는 단파대의 주파수를 이용하여 조난통신 · 안전통신 또는 일반텔렉스 통신을 목적으로 한 송수신 장치

혼신 : 다른 무선국의 정상적인 운용을 방해하는 전파의 발사 · 복사 또는 유도

흑레벨 : 텔레비전의 화면이 흑색이 되는 전기신호로서 전송계 전체를 통하여 보존함으로써 화면의 평균밝기를 충실하게 전할 수 있는 레벨

[기 타]

π/4 DQPSK(Differential QPSK) : 데이터 전송시 전압의 크기를 동일하게 하고 위상을 바로 전에 전송된 심볼의 위상에 0도, 90도, 180도, 270도의 4가지 중에 해당하는 위상을 더하고 천이위상 45도(π/4)를 추가하여 전송하는 방식

8PSK(8 Phase Shift Keying) : 데이터 전송시 전력의 크기를 똑같이 하고 신호점 간의 위상차를 45도 간격인 0도, 45도, 90도, 135도, 180도, 225도, 270도, 315도의 8가지로 전송하는 방식을 의미한다.

8-VSB(Vestigial Side Band) 전송방식 : 3비트로 구성된8 레벨의 심볼들을 VSB로 변조하여 전송하는 방식이다.

BSAC(Bit Sliced Arithmetic Coding) : ISO/IEC14496-3에서 정의한 부호화방식 중 하나로서 채널당 1kbps 단위의 계층적 구조를 가지는 고품질 오디오 압축 부호화방식

CDM(Code Division Multiplexing) : 상호 직교성을 갖는 코드를 이용하여 주파수대역을 확산하고 신호를 다중화하는 전송방식

DVB-S(Digital Video Broadcasting-Satellite) : 디지털 위성방송을 위한 EN 300 421 규격

DVB-S2(Digital Video Broadcasting-Satellite 2) : 고효율 오류정정 부호화 및 다중 변조 방식을 사용함으로써 DVB-S에 비해 향상된 전송효율을 제공하는 디지털 위성방송용 EN 302 307 규격

GLONASS : 러시아가 운영하는 위성항행시스템

GPS : 미국이 운영하는 위성항행시스템

H-8PSK(Hierarchical 8 Phase Shift Keying) : 신호점 간 데이터 성능을 계층적으로 차등화하기 위한 목적으로, 데이터 전송 시 전력의 크기를 똑같이 하고 신호점 간의 위상차를 계층적으로 차등화하여 8가지로 전송하는 방식을 의미한다.

MPEG(Moving Picture Experts Group) : 국제 표준화기구(ISO)와 국제전기표준화회의(IEC) 산하의 정보기술 표준화를 위한 합동기술위원회(JTC1)에 소속된 여러 기술분과 중 하나인 ISO/IEC JTC1/SC29/WG11

OFDM(Orthogonal Frequency Division Multiplexing) : 상호 직교성을 갖는 다수 반송파를 이용하여 신호를 변조하여 다중화하는 전송방식

QPSK(Quadrature Phase Shift Keying) : 데이터 전송시 전력의 크기를 똑같이 하고 위상을 45도, 135도, 225도, 315도의 4가지로 전송하는 방식을 의미한다.

Z마아카 : 항공기의 위치에 대한 정보를 주기 위하여 역원추형의 지향성 전파를 수직으로 상공에 발사하는 무선표지업무를 행하는 설비

참고자료

1. 2010년 전파법(법률 제8867호)
2. 2010년 전파법시행령(대통령령 제21161호)
3. 2010년 무선설비규칙(방송통신위원회고시 제2010-1호)
4. 안테나 핸드북, 유정찬 저(11-14)

▮▮▮ 저자약력 ▮▮▮

■ 채 해 수

-아주대학교 대학원(전자정부전공 행정학석사)
-정보통신 특급기술자 및 특급감리원
-한국경전기주식회사 기술과 근무
-오성전자산업주식회사 기술과 근무
-대구도시철도 통신설비설계 감독 및 시공감독
-대구광역시 통신기술공무원
-행정자치부선정 신지식인

-저자 운영 사이트
· 저자 홈페이지 http://telschool.com
· 전국통신직공무원 연구회 http://www.tongsin.or.kr
· 저자 이메일 hesuz@hanmail.net

-저서
· 정보통신설비설계 공사실무
· 정보통신설비 기술기준

유비쿼터스 무선통신시스템 기술기준

2010년 6월 20일 1판 1쇄 발행

저 자 채 해 수
발행인 남 승 우

발행처 도서출판 상尙 학學 당堂

서울시 동작구 조홍1길 4(사당3동 220-43)
TEL : 02) 595-1692～4
FAX : 02) 595-1394
E-mail : namdoo6@unitel.co.kr
신고 : 2-155호 (1968. 11. 29)

정가 18,000원

ISBN 978-89-93383-81-2 93560